幸福美肌
一輩子就買這一本

美膚心法 & 化妝保養品真相大公開

「化妝品真相大公開」社群版主
臺大醫院雲林分院皮膚部主任

邱品齊—著

作者序
保養從心開始

松下問童子，言師採藥去；
只在此山中，雲深不知處。

——唐・賈島

　　這是一首文意很高、意境很美的詩句，也是這本書想要帶領各位達到的境界。

　　自從當了皮膚科醫師，常會有民眾詢問有關肌膚保養及化妝品的問題，後來才慢慢了解，原來**很多人都是一夕之間就會買、會用化妝品，卻從來不知道自己的皮膚到底適不適合、需不需要。**也由於自己門診有提供藥妝諮詢醫療服務，才知道原來有這麼多民眾是因為不了解自己的皮膚，亂聽、亂買、亂用，把肌膚當實驗品。不知為何保養，也不知如何保養，最後傷害自己的寶貝肌膚才悔不當初，常常為時已晚。

　　現在資訊網路這麼發達，民眾的訊息管道理應比以前更暢通、更開放才對。但後來發現，網路空間只是個資訊交流平臺，本身並無判斷真相的能力，加上多數訊息提供者並沒有網路公民責任的想法，於是各種亂七八糟的迷思與謠言，也就如野火般燎原，難以平息。

　　再加上，這幾年各種媒體興盛，市場上自稱的專家達人多如牛毛，有些人說用這個才好，有些人說那樣做才對，胡言亂語、不知所云屢見不鮮。還有不少藝人、演員及名模，只要小有名氣就會出書或受訪大談保養經，但這些內容的背後有多少是真實純正的，就沒有人會在意了。

　　近年來還有許多醫生、博士及專家推出自己的化妝品品牌，宣稱其產品優於市面上其他產品，但老實說，這些品牌的商業性都太強，多數品牌的出發點還是以利潤及銷售為重心，幾乎把原本該有的專業堅持及社會責任拋諸腦後，更別談宣導正確使用化妝品及肌膚保養的衛教義務。

　　這十年來，我發現在化妝品及肌膚保養知識這個領域，消費者與事實、真相間的距離真的很遠。並不是消費者不想知道或了解，而是在現有資訊嚴重不對等、媒體社會責任不彰的狀況下，當「喜鵲」人人愛，當「烏鴉」卻沒人理；說假話大家信，說真話卻沒人聽。於是即使有人有心想做，但面對種種現實問題，真的常有孤立無援、孤掌難鳴的感嘆。

不過也因為如此，讓我有機會可以從不同面向去深入了解保養之道，無論從商業或社會行為、從文化及藝術甚至哲學與美學，都可以切入問題的核心價值。**肌膚保養是一門科學也是一種藝術，更是一種生活態度；它只有原則，沒有規則，更沒有什麼公式或定律；它本身即是一種體驗、一種領悟，更是一種「道」。**從肌膚保養的探索中發現肌膚之美，了解自然之律，終能讓身心靈獲得幸福、快樂與滿足。

最重要的是，**認識你皮膚的特性及保養需求，了解化妝品、保養品的內涵與價值。皮膚是活的、是會變的，值得愛護，也需要照顧。**只要大家有適當、適度及適性保養的概念，能以思辨的態度來探求保養真理，你將會發現，原來肌膚保養是一門大學問，你也能因此體會到很多人生道理與美景。

保養沒有什麼仙丹妙藥，也沒有什麼隱晦難懂的大道理，一切都是這麼渾然天成，簡明單純。只要用心，一定可以認識了解、日起有功。希望大家都能修得正道、悟得真理，圓滿喜樂定會油然新生。

目錄

CHAPTER|1

明哲保膚
先修之道

1.1

產品宣稱真的可信嗎？

◆

　　很多人以為自己不會碰到化妝品，殊不知現在舉凡洗面乳、洗髮精及沐浴乳甚至以後連牙膏等，都全屬於「化妝品」了。老實說，現在很多初生嬰兒可能都還沒滿月，就已經被媽媽使用嬰兒沐浴品洗澡了。但媽媽們可能不知道，**目前臺灣的法規並沒有任何嬰兒用沐浴品的標準，**很多市面上宣稱「嬰兒」用的產品跟「大人」用的其實沒兩樣。

　　化妝品已經是大家日常生活中一定會接觸到的產品，但許多人從小到大幾乎沒有機會認識化妝品的真實面。**世界上所有的化妝品都是一堆化學成分所組成，**包括宣稱天然有機的化妝品。大家常常一聽到食品中的化學成分就滿臉恐懼，但對於同樣含有一堆化學成分的化妝品卻毫無戒心，實在是很奇怪的事。

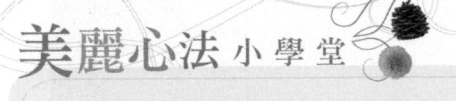

美麗心法 小學堂

什麼是化妝品？

依照目前國內「化妝品衛生管理條例」第三條指出，「化妝品」係指施於人體外部，以潤澤髮膚、刺激嗅覺、掩蓋體臭或修飾容貌之物品。因此，**只要是施於身體外部、目的是用來清潔、美化、增加吸引力及修飾外觀容貌的產品，包括洗面乳、肥皂、洗髮精及沐浴乳等，都屬於化妝品**。並非只有女生用的「彩妝品或香水」等才叫做「化妝品」喔！甚至大家常聽到的「護膚品或保養品」，在法規上也沒有這些稱呼，這些全都屬於「化妝品」所含範圍。

例如，法規已經明定化妝品要全成分標示，且需注明產品相關訊息，但市面上隨便找還是有很多不合規定的產品，不是有加的沒寫、就是有寫的沒加，不然就是亂寫一通，吃定消費者看不懂。如果消費者使用後發生不良反應，廠商大多就推說是消費者自己膚質的問題。大多數廠商只會在產品上標明「使用後如有不適，請暫停使用並洽詢專業醫師」，把責任都往消費者身上推，讓消費者自行承擔。

　　又或者，仔細探究市場上各式各樣的保養程序，你會發現有些程序實在不需要，甚至可能造成傷害。也就是說，你很有可能花錢、花時間最後卻自找罪受。

　　例如「去角質」這道保養程序。市面上有很多去角質相關產品，但以皮膚生理學來看，角質層處於皮膚最外層，擔負著保護內在組織與器官的重要職責，無論是皮膚的觸感、平滑感、亮度及透明度都與角質層有關，皮膚的保溼度、膚色、膚質與健康也與角質層有密切關係，所以理論上，**對皮膚來說，應該要「護角質」才對，而不是「去角質」。**

　　臨床上常會看到皮膚因為用錯化妝品而受傷的案例，如敏感、過敏、發炎、長痘痘、長斑、色素沉澱……事發後再悔不當初，皮膚卻已經無法回復原狀重返健康。但其實只要先對化妝品及皮膚保養有些基本概念，就可以避免發生這種難以挽回且不必要的傷害。

　　消費者在面對化妝品時，其中資訊不對稱的落差簡直大到可怕。市面上實在有太多似是而非的保養說法，這些都是積非成是或不求甚解所造成。多數人知道的肌膚保養訊息其實都是枝微末節，今天網路上有人說這個好就去買，明天節目中有人說那個好就去試，大家都說自己推薦的產品最好，很多保養的文章不是胡說亂寫，就是置入性行銷，廣告一堆、產品一堆、東抄西襲的內容一堆，但背後的基本原則及保養哲學卻隻字未提。消費者就像無頭蒼蠅般到處亂飛，難以掌握真相，也難有定見，很弱勢、很無力，甚至要獲得基本的保障與權益都不容易。

　　但是，大多數消費者卻不知情，也沒有體認到問題的嚴重性。有些人不知道、有些人不關心、有些人不在意、有些人不重視。由於多數人購買化妝品都只看廣告、代言、宣稱、特價或促銷，很少人是真的先確定及了解化妝品標示後才購買使用，也很少人在購買化妝品時，會把產品安全性當做優先考量。現在的化妝品市場已經被商業行銷所主導，各位所處的環境也慢慢被渴望物質追求欲望的氣氛所包圍，但這些商業化背後的考量常常並非出自我們皮膚實質的健康與需求，只是去創造各種誘因與誘惑，讓消費者把錢掏出來罷了。

其實，只要培養自己的「思辨力」，想了解最基本的化妝品選擇概念及保養原則並不難。只要擁有基本常識，對各種訊息抱持好奇懷疑的態度，並用理性客觀的分析來了解事實真相，面對產品資訊時就不容易被騙。只要多數民眾都具有基本的判斷力，媒體就不敢亂報、亂推薦、廠商也就不敢亂做、亂標示，優質產品才有可能愈來愈多，以後化妝品市場才有可能走向良性發展的正途，而廠商、消費者、市場、環境與社會也才有共善共榮的機會。

1.2

產品效果到底有多少？

◆

試想看看，當你購買保養品，把一堆瓶瓶罐罐帶回家時，有沒有先問過自己，你想要獲得什麼？是想要擁有如嬰兒般的柔嫩肌膚？還是想要告別粉刺痘痘？是想要晶透無暇美肌？還是想要抗老凍齡年輕十歲？你買的這些產品真的可以讓你美夢成真嗎？真的買愈多、用愈多，夢想就會愈快成真嗎？

許多消費者自認為保養品最重要的應該是「效果性」。麻煩的是，**化妝品的效用在法規審核時並非必要條件**，也就是說，沒有法規限定化妝品一定要有什麼實質效果，那些預期效果很多時候只是消費者一廂情願的想法。

常有人問我：哪一款美白產品淡斑效果最好？那一款保溼擦了最有效？那一款抗老精華除皺效果最明顯？老實說，應該沒有人知道這答案，

如果有人信口開河隨便講個答案，那一定是亂講的，或充其量只是想推銷產品而已。

在目前的化妝品管理法規中，雖然在含藥化妝品規範中會列舉出不少美白成分，但**站在衛生單位的立場，只會要求成分的最高濃度限量，以確保消費者在使用時的安全性，而沒有要求廠商一定要添加能達到實質效果的最低濃度。**所以，同樣添加雄果素的產品，只要含量低於 7% 就合法，但就效果而言，添加 0.1% 跟 7% 的實際意義卻是天差地遠。

連美白產品都這樣了，更何況是根本沒有嚴格定義的抗老產品，其預期效果大都只能從廣告宣傳中想像。市面上有很多魚目混珠、濫竽充數的產品，宣稱是很有效的美白或抗老產品，但不是活性成分添加濃度太低、很難有效，就是標示了一堆成分但實際上根本沒加。老實說，消費者要在茫茫產品中找到貨真價實的東西，還真的不容易。

雖然有些廠商在產品上市前會自行進行臨床測試，了解其產品效能強度，但多數的測試並沒有經過文獻發表，相關的實驗架構、人數、方法、細節與效度等都有不少爭議，而且最後結論的詮釋通常不會全盤說明清楚，便將結果斷章取義，主要還是為了行銷宣傳。

有個明顯的例子是，這幾年來，添加金箔的化妝品盛行，令許多愛美人士紛紛往臉上「貼金」。然而事實上，現階段沒有任何科學佐證能證實金箔的外用功效。**黃金的惰性極強，除非用「王水」才有可能溶解，且目前並沒有任何文獻發現黃金可經由皮膚被直接吸收，即使是純金也一樣。**產品真正能發揮作用的，還是其中所含有的其他成分，添加金箔多半只是華而不實的噱頭。

有些人使用含金箔的產品後，發現金箔碎片不見了，那是因為皮膚表面有皮溝，這些碎片是暫時抹入皮膚溝紋中，並不是真的被皮膚吸收。即使肌膚感覺變得明亮有光澤，主要也是產品中的水分及保溼成分修飾後的效果。

黃金金箔使用在皮膚上無法解離，也不帶電，所謂「和肌膚正、負離子產生交互作用」、「幫助成分導入」、「幫助水分鎖進肌膚」、「增進膠原蛋白生成」等說法，到目前為止，從學理上既無法獲得支持也沒有實證資料。

　　皮膚對黃金不會有任何反應，只能說它「沒有益處、也沒有害處」。此外，市面上有些酒類、飲品或食品中會添加金箔或金粉，但**處於金屬狀態下的黃金不管以什麼方式食用，都不會在體內引起化學反應，也沒有特殊營養價值**。綜上所述，金箔保養品除了使用時感覺很「貴氣」，對於改善膚質其實沒有太大作用。

保養品在皮膚科學上當然有其臨床輔助效果，這也是藥妝品（Cosmeceuticals）最初的概念，然而這想法在現行法規裡還沒有被全盤承認。衛生單位目前還不想背書化妝品的效果，主要是因為化妝品的角色不像藥品，並非為了實質治療疾病而使用，且其產品更替度高、品牌多、消費者喜新厭舊相當明顯，加上其專利成分或配方的保護不像藥品這麼完整，廠商即使願意花錢、花時間研發執行類似如藥品規格的臨床實驗，除非其主要目的是為了學術研究發展，不然在產品銷售及利潤上，能獲得的實質效益並不高。

此外，雖然消費者一直很想知道哪一款保養品最有效，但老實說廠商並不是很想確認。因為一旦市面上所有保養品的效果都可以排名，那除了前幾名的產品，其他產品應該都不會有人想買了。

難道大家還要繼續被瞞騙欺曚下去？難道消費者的弱勢完全無法扭轉？其實，要改變並不難，但實質上也不是這麼容易。**最重要的關鍵是，消費者是否願意「從根本學起」**，把各式各樣的神奇廣告宣稱忘掉！把第四臺或電視美妝節目的虛幻說詞忘掉！把網路上許多亂七八糟毫無根據的資訊忘掉！讓腦袋放空、思緒沉靜，用手輕輕撫摸自己的臉頰，用心感受皮膚給你的回饋。你將會發現，原來保養可以這麼輕鬆愉悅、這麼暢快自然、這麼真實美麗。

1.3

如何才能擁有幸福美肌？

◆

　　肌膚保養其實是件很幸福的事，現在卻有很多人感受不到也體會不到。世界上每個人的皮膚都不一樣，膚質不一樣、習慣不一樣、喜好不一樣，因此保養方式也該不一樣。肌膚保養只有原則及心法，沒有法條式的絕對規矩，就像在跳雙人探戈。**皮膚是活的，會隨著內外在的變化而改變，所以保養也需要依皮膚的變化來適當因應與調整**，而不是非得用什麼產品或步驟才行。唯有跟我們的肌膚你來我往、一進一退，默契合作，美感才會呈現。

　　肌膚的幸福要靠自己去建立、去營造，這根源於你對肌膚的認識與了解。**化妝保養品只是幸福保養學的其中一種工具，並非全部，你得先了解其內涵與價值，才能幫肌膚找回幸福。**有工具不會用，很難修得正果；有工具卻亂用，更會誤入歧途。

　　要了解幸福保養的真諦，需要利用 9 大心法來學習體會。這些心法是我十多年來的研究精華，更是通往幸福保養的唯一捷徑，其祕笈看似遠在天邊，其實近在各位眼前。希望大家都可以得到幸福，也希望各位的肌膚都可以一起幸福。

CHAPTER|2

幸福美肌
9大保養心法

心法 1

反璞歸真
回到原點，重新認識寶貝肌膚

◆

　　上天賜予人類皮膚，有其理性與感性目的。感性目的是皮膚能藉由與生俱來的各種感受力，感覺及體驗周遭的環境與世界，無論是人與物的接觸或人與人的碰觸，都需要藉由皮膚來進行。皮膚是身體最大的感官，會把各種外在刺激轉化成內部反應，也因為這樣，讓人類成為動物界中最具有感動與感情能力的物種。

　　而**皮膚的理性目的，即其核心功能則是：保護、保溼與防禦。**

1）保護

皮膚是人體最大、也是唯一裸露在外、完全沒有遮蔽的器官。身體內部的血肉之軀全都要靠皮膚才有辦法抵抗外在惡劣的環境變化。皮膚不僅是人體表面積最大的器官，也是身體與環境產生交互作用的中間界面。從外而內的表皮層、真皮層及皮下組織，就如同慈母般的呵護內在，把外界環境的刺激與傷害降到最低，讓內臟組織得以在穩定安全的狀態下，發揮良好功能，維持生命運作。在醫療上，**一旦皮膚保護功能大規模受損，就屬於醫療急症**，例如嚴重燒燙傷或大範圍的皮膚發炎或破損，不好好處理的話，很容易威脅到生命。

大家可能注意到，皮膚的厚薄度在全身上下都是不一樣的，因為在演化過程中，愈容易遭受摩擦或受傷的部位，其表皮就愈厚，例如手掌與腳掌的皮膚就會比眼皮及手臂內側的皮膚厚，這種差異也是為了做到更好的保護工作。

皮膚的最外層是角質層，是皮膚結構中唯一沒有活細胞的組織，其主要組成是老廢角質，但大家不要因此以為角質層是沒有功能、可以隨意「去角質」的。因為沒有它，皮膚的保溼功能會嚴重受損；沒有它，來自太陽的紫外線會長驅直入，傷害皮膚活細胞；沒有它，外界環境的細菌會輕易侵入身體產生危害。所以**對於皮膚而言，好好把角質層照顧好是很重要的。**

很多廠商都會提到「深層潔淨」，市面上不少抗痘產品（洗面乳、防晒乳、保溼乳及沐浴乳）及抗屑洗髮精、抗菌洗手乳等，都會添加抗菌劑，強調能把細菌殺光、做到徹底清潔，好像這樣就能改善這些痘痘肌。但老實說，這種說法經常是把事情想得太簡單了。

我們的皮膚上都有很多共生菌，這些菌落都是我們出生後才慢慢累積在皮膚上及毛囊裡的，大多數時候都不會造成問題，只會在皮膚上或毛囊內乖乖過生活。雖然其實際功能與目的還不太清楚，但目前可以確定的是，只要這些菌落生態失去平衡，皮膚的防禦或免疫功能就可能受到影響而產生問題，像是頭皮屑、脂漏性皮膚炎、汗斑、青春痘、異位性皮膚炎……都跟共生菌失衡有關。此外，由於環境中有很多毒性更強的致病菌會想侵入皮膚，於是皮表的共生菌與皮表酸性膜，就擔任了防禦抵抗外來致病菌的第一線工作，也構成皮膚屏障很重要的一環。

我最怕被問到如何才能把皮膚徹底洗淨，因為其實，**皮膚是不可能也不需要被「完全」洗淨的，洗太乾淨反而會造成問題**。我們清潔皮膚的目的，只是要把皮膚上因為人為或額外附著的髒汙清除（包括自己使用在皮膚上的彩妝品及保養品），但現在很多人洗臉卻硬是要把臉上的油脂洗光光，反而容易造成皮表角質細胞間的皮脂膜受傷，變成愈洗愈乾、愈洗愈緊繃。而且即使費盡心思洗臉，皮膚內的皮脂腺還是會繼續出油，到最後膚質就變成外油內乾。

更麻煩的是，如果產品中還添加抗菌劑，宣稱要把皮膚上的細菌殺光光（常見的成分像是 Benzethonium chloride、Chlorhexidine gluconate、Isopropyl methylphenol、Triclocarban 及 Tricolsan 等），不但長期使用可能造成皮表問題或使環境中的細菌產生抗藥性，也可能破壞皮表原本共生菌的恆定狀態，而產生不可預期的後果。**抗菌劑應該用在刀口上，不能隨便濫用或亂用。**

皮表共生菌是與皮膚長久相處的鄰居及朋友，雖然這其中還有很多我們不清楚的聯繫關係，但經過幾百萬年來，在人類與環境的演化下，共生菌都與我們同在，這或許也是上天賜與我們的禮物之一。以我們目前的智識，在還無法清楚了解之前就隨便把共生菌趕盡殺絕，肯定不是聰明的做法。

接下來跟大家提一下「皮膚障蔽」的概念。皮膚是活力很強的器官，本身就具有「**動態障蔽功能**」的特性。簡單來說，皮膚具備許多不同的機轉來防止外來環境的有害物質侵擾，像是偏弱酸性的皮表酸性膜、

共生菌、神經纖維、抗菌胜肽、免疫細胞與細胞激素、黑色素細胞與黑色素、角質層、皮脂、汗水及角質細胞間脂質……這麼多重的機制組成皮膚障壁，就是希望可以好好保護身體的內在。也就是說，**皮膚是不太想要吸收外來物質的**，它猶如一個盡職的守門員，**會想盡辦法阻擋外來物質進入體內**，這樣人體就不需要花太多心思或時間，去代謝處理這些多餘的物質。

然而，市場上常會聽到廠商宣稱其產品可以被皮膚「快速吸收」，這樣的宣稱並不合常理。**大家買保養品都希望裡面的成分能被皮膚吸收而達到功效，但健康的皮膚反而會希望外界的各種分子物質不要太容易進入。**一般來說，產品是否容易被皮膚吸收，與其成分的分子脂溶性高低、是否帶有極性或電荷、分子大小、劑型（例如是否有奈米化或使用穿透增強劑）、皮膚角質層的厚薄，以及是否使用相關輔具（如超音波、電氣處理或密封）來加強被吸收力有關。然而整體而言，**保養品能被皮膚吸收的比例還是相當有限。**

許多消費者不了解這一點，常以為保養品擦上後很快就感覺「不見了」，就是因為被快速吸收了，事實上這樣的視覺及感覺常常只是錯覺。如果產品屬於偏油性，只要在產品內添加揮發性矽靈、溶劑或是滲透分散性較佳的合成酯，就可以讓人產生油膩感很快消失的錯覺；如果產品質地偏水性，就可以添加酒精、異丙醇或其他易揮發性溶劑，或者乾脆增加含水量，讓水分在使用後能快速蒸散，達到快速消失的效果。

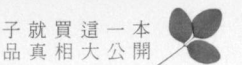

簡單說，消費者之所以感到皮膚「快速吸收」，只是因為產品發生了快速均勻的分散現象，或其中的載體、基劑揮發或蒸散而產生錯覺。然而事實上，**剛使用後的產品絕大部分都還停留在角質層上。**

現代醫學美容流行後，很多人喜歡用各式各樣的方法破壞原有的皮膚障蔽以促進產品吸收。像是鑽石微雕去角質、磨皮雷射、飛梭雷射、長時間或每天敷面膜等。理論上，要破壞皮膚障蔽本身就是具有風險的事，需要經過專業人員評估才適合執行，但現在大家好像都不太在意，想破壞就破壞、想導入就導入。很多消費者會在家裡自行使用導入儀，導入自認為對皮膚「營養」的產品，但如果審視過成分表，就會發現裡面有一堆色素、香料、乳化劑、溶劑、萃取成分及防腐劑，這些也統統被你導入皮膚內了。

有時候甚至連各種去氧核醣核酸（DNA）、核糖核酸（RNA）、胜肽、
生長因子、細胞激素及奈米成分都被你一起導入，這是否會癱瘓或改變
你皮膚原本的生理功能？這些成分進入皮膚後會跑到哪裡去？是否會沉
積在肌膚或體內？久而久之是否會產生問題？目前為止統統沒有答案。

使用完化妝品或做完美容療程後，皮膚若產生發紅、疹子或刺癢等情形，經常會被「排毒反應」等理由一語帶過，有時甚至還被誤導，說情形愈嚴重效果愈好。其實在臨床上，皮膚產生這類反應是在發出求救訊號，如果置之不理或繼續摧殘，最後就會造成皮膚長期受傷敏感。排毒反應在科學上的定義，應該是指解除毒性物質的毒性，或是排除毒性物質的能力，而皮膚本身就具有排毒功能，例如排汗，或是腎臟病末期的患者因為無法從腎臟排毒，就會轉由皮膚來排毒。然而，**市面上經常把皮膚因為不適合的產品或不當處理所產生的發炎、敏感或過敏反應，統統稱為排毒反應，反而讓肌膚深陷險境而不自知。**

2）保溼

皮膚是內在環境和外在環境的交界，包括細胞或器官中的水分，大約佔了人體組成的 70%，而且維持恆定狀態。但外界環境空氣中的溼度一般不會這麼高，因此水分會有持續由內往外流失的傾向。然而，身體不能允許這樣的事情在毫無控管下發生，因為一旦水分失衡就會造成生命危險，例如大範圍燒燙傷患者，就是因為皮膚保水功能失效，容易因體內水分及電解質不平衡而危及性命。

皮膚就像人體的緩衝區，會想盡辦法把水分保留在體內，同時減緩

水分散失的速度。這部分的主要功臣是「表皮層」，所以**我們平常說肌膚保養要「保溼」，指的就是做好表皮的保溼，而且嚴格來說，應該是指「角質層的保溼」**。皮膚的表皮由上往下，可分為角質層、顆粒層、棘狀層及基底層四個部分。表皮層中的角質細胞都由最下面的基底層所產生，這時候細胞活性強、細胞內含水量最高，因為水分都由真皮的血管所帶來，所以不會缺水。慢慢的，角質細胞會向上代謝分化，細胞內的含水量也會慢慢下降。直到角質細胞到了表層被分解代謝之前，肌膚都會層層防護，進行一系列角質細胞保溼大工程。

市場上常會聽到「油水平衡」的說法，說皮膚缺水才會出油，要做好保溼才不會出油，其實並非事實。**膚質最簡單的分類方式有兩種：一是角質含水度，二是油脂分泌量。**角質含水度跟角質細胞內的保溼因子、角質細胞間的脂質及外在環境因素有密切關係；而皮脂腺的油脂分泌量則跟遺傳、年齡、性別、荷爾蒙及溫度變化有密切關係。

表皮含水度與油脂分泌量的多寡，並不全然呈正比。也就是說，油脂分泌量愈高，表皮細胞含水量不一定就會變高，反之亦然。因此，**出油量高的油性膚質，其皮膚也可能是偏乾的，也就是俗稱的「外油內乾」膚質**；而像青春期前的小朋友，臉部肌膚出油量偏低，但其角質層的含水量則大多處於正常範圍。

一般的健康肌膚，角質層含水量約在 20 ～ 35% 左右，當含水量低於 10%，角質層就會處於乾荒狀態，肌膚就會變得粗糙、柔軟度下降、

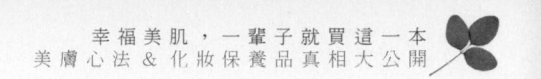
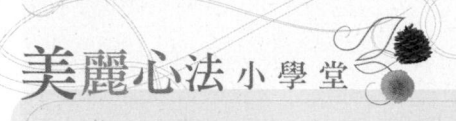

美麗心法 小學堂

肌膚如何進行保溼大工程？

　　當角質細胞從基底層、棘狀層到達**顆粒層**時，會進入最終分化期，細胞逐漸凋零，含水量急遽下降，誘發細胞內的蛋白質分解，構成天然保溼因子以保住剩餘的水分。同時會在細胞外圍形成緻密的蛋白質角化性細胞被膜，以減緩水分散失。角質細胞還會在此釋放出帶有極性油脂的層狀體到細胞間，這些油脂成分會在角質細胞間堆疊形成保水鎖水膜，進一步減緩水分散失。不僅如此，角質細胞間還會有水通道蛋白進行水分調控。

　　再往上到了**角質層**，角質細胞彼此間就會藉由胞橋體連結而呈現交錯片狀緊密排列，加強保水效果，等角質細胞到了最外層時，這些胞橋體就會被蛋白分解酶分解，讓老廢角質能順利代謝，維持表皮整體良好的保溼效果。

　　也就是說，**皮膚每天都很忙碌的在工作，讓肌膚及身體中的水分維持恒定**，因此皮膚是不會、也不能睡覺的，一旦它睡著不工作了，反而會是大麻煩。

乾燥緊繃、明亮度不足，導致暗沉無光澤，角質細胞也無法正常代謝脫落，產生角質增厚及脫皮脫屑等現象，甚至容易造成皮膚炎並感到刺癢、疼痛及灼熱，久而久之就形成乾燥性細紋。

相反的，當皮膚保溼功能良好時，不但可以增強皮膚柔軟度及平滑觸感，讓肌膚看起來明亮透明，還可以加強皮膚的保護障壁功能，角質代謝也能正常進行。也就是說：**做好保溼，不只肌膚變美麗，也會更健康！**

最後提醒大家，很多人喜歡長時間敷用面膜或晚安凍膜，甚至用化妝棉溼敷化妝水，以為這樣可以加強皮膚的補水保溼效果，讓肌膚重現水嫩。但其效果常常只是曇花一現，等到水分蒸發後，就會如同灰姑娘般回復原狀。此外，現在常見的面膜及化妝水，很多都含有香料、酒精、色素、多元醇、乳化劑及一堆植萃成分，一旦使用或溼敷過久，皮膚都容易敏感變乾。而且長時間讓角質層含水量過高，反而容易造成角質細胞腫脹及代謝異常，如同你把手泡在水中　段時間後的改變一樣。

3）防禦

講到皮膚的防禦功能，我想要用市場上很熱門的「美白」保養概念來討論。我們的皮膚每天都承受很多外界環境給予的傷害，其中最主要的就是來自太陽的紫外線。紫外線從長波段到短波段可以分成三類：UVA、UVB 及 UVC。大氣層會阻擋掉大部分的 UVC，所以這部分通常不會危害人體。真正需要防禦的主要是 UVB 及 UVA。**UVB 會造成皮膚晒紅及晒傷，而 UVA 會造成皮膚晒黑及晒老。**

所以在生理上，皮膚細胞具備很多樣的抗氧化機轉，以防禦紫外線照射後所形成的自由基傷害。而在表皮底層還發展出黑色素細胞，製造黑色素來吸收紫外線能量，以降低傷害。大家一定會有的經驗是，夏天

外出遊玩沒有做好防晒，膚色很快就會變深變黑，主要也是因為紫外線誘發生成黑色素所致。

事實上，我們每個人原本的膚色，就是因為不同的黑色素種類及型態分布所形成，這主要由遺傳所決定。從地球人種的膚色分布就可以看出，日晒時間愈長、日照愈強烈的區域，其人種膚色就愈深愈黑，反之則愈白皙。例如在非洲大陸近赤道居住的人種，其膚色就會比較黑，以抵擋強烈的紫外線傷害；反觀在歐洲或俄羅斯生活的人種，因為日照少，其膚色就會偏白。

膚色的差異是人類因居住地不同所造成的自然演化結果，有其特殊生理意涵及意義，因為皮膚需要自我防禦紫外線的傷害。膚色愈深的人種，愈不容易因紫外線照射造成皮膚細胞受傷而產生皮膚癌或其他威脅。例如比起西方人，東方人更不易產生晒紅、晒傷、皺紋、斑點、提早老化等光老化變化，因此我們該為自己的膚色自豪才對。

當皮膚中黑色素的生成平衡改變，導致黑色素過度製造及分布時，就會產生「斑點」。一般來說，臉上的斑點可以簡單分成先天型及後天型兩種。像是胎記、咖啡牛奶斑、貝克氏母斑、顴骨母斑、太田母斑及斑痣等，都跟先天遺傳比較有關，很難靠後天預防或淡化；而雀斑、黃褐斑、晒斑、脂漏性角化斑及發炎後的色素沉澱……則屬於後天生成的斑點，跟紫外線的曝晒有關，比較能利用防晒或美白保養來減緩發生及淡化。不過，黑斑是屬於皮膚色素調節異常的病態，單靠保養處理雖然有些功效，但臨床上能達到的效果還是有限。

　　想要美白淡斑，一定要先做好防晒，選擇適當的防晒品，適時適度、正確足量的使用，並以陽傘、帽子做為防晒輔助，減少皮膚曝晒於紫外線的機會，才是最基本的工夫。由於斑點的形成常是皮膚長期受到紫外線慢性傷害所致，所以**從小就要注意做好防晒並持之以恆。**

　　此外，**維持良好的生活作息、補充足夠的營養、多攝取含有維生素C及E的食物（如新鮮蔬果及堅果）也有助於減少斑點生成。**一旦發現斑點，請及早找皮膚科醫師做診斷及治療，切忌使用來路不明的偏方、

成分不清的藥物或在經驗不足的美容院裡草草處理，以免花了大錢卻得
不到效果，反而造成皮膚更嚴重的傷害。

　　東方人想要美白，多半是因社會文化背景所致，很多人認為皮膚愈
白皙愈好看，甚至有「一白遮三醜」的說法（雖然這句話以字面來看，
在臨床上是不對的，皮膚愈白的人愈難遮蓋臉上的瑕疵），所以市面上
各式各樣的美白產品及療程真的讓人眼花撩亂，還出現了很多宣稱可以

速效美白的手法，像是違法添加雙氧水、汞化合物、類固醇或對苯二
酚……長期下來的副作用實在難以承受。

此外，有些面膜也宣稱可以快速美白，但這只是在短時間內提高角
質層含水量所致，並非其中的美白成分所造成的真正效果，因為真正的
美白成分要發揮實際效果，一般都需要幾週的時間。有些廠商還會利用
去角質的方式讓角質層光線散射減少，在視覺上增強白皙效果，長期下
來只會犧牲角質層對皮膚的保護功能，得不償失。

化妝品就是藉由各種物理及化學方式，來改變及影響你皮膚的外觀
及特性。外觀的改變較容易但並不持久，內在的改變很難、很花時間，
短時間內的效果也有限。但現在的化妝品廣告宣稱常會讓消費者誤以為
改變皮膚的實質狀態是很容易、很簡單的。我要提醒大家，**化妝品若在
使用後發現有快速神奇的效果，一定要很小心，因為這效果若不是暫時
的，就是可能添加了不該加的成分。**

市場上這麼多美白產品，到底要選哪一種比較有效？亮白、燦白、
晶白、雪白、柔白、嫩白、護淨白、透白、瀅白、皙白、優白、菁白、
瞬白、煥白……環肥燕瘦各有所長，從名稱上實在很難看出哪個會比較
「白」，要買哪一款才能讓你達到「白」雪公主的目標？老實說，我很
難給大家「確認」的答案，因為這答案是很難被確認的。

市面上有很多產品的評比，其可信度是存疑的。因為測試的方法、
設計、效度及是否有對照組等因素幾乎都不會知道。網路上也有很多試
用心得及報告，但其內容的真實性及可靠性，常常都很薄弱。即使是從

成分表去看，也因為產品的活性成分濃度通常都沒有標示，而且**即使含有相同濃度的美白成分，只要產品的劑型及附屬成分不同，效果也會不一樣**。凡此種種，使得消費者想了解產品進一步的資料，真的困難重重。理論上，想知道答案唯有執行嚴謹的臨床測試才有辦法確定，但市面上的美白產品這麼多，實在不可能全部拿來在消費者身上測試，而且這樣的測試是否就能讓人心服口服，也是個問題。

當化妝品的角色慢慢從修飾性變成功能性，效果強弱的問題是一定會遇到的。由於現在化妝品在法規上依舊被歸類為不需要事先確認效能的產品，產品上所揭露的訊息又非常有限，整體產業氛圍也不希望把化妝品視為類似藥品來看待，因此想要能有較明確的規範，可能還需要一段時間來形成共識。

目前比較中肯的建議是，**先找成分單純、配方安全、適合自己膚質膚況、符合預算，且含有衛生署許可的十多種美白成分產品來用**。如果只是盲目追求廣告宣稱的美白效果，到最後只會鑽牛角尖，陷困其中而已。以美白來說，不可能擦了什麼美白保養品就可以改變膚色，讓你變得和白種人一樣白；也不可能用了後斑點就會消失不見。化妝品並不會變魔術也無法變魔術，因為它的角色定位就是如此。

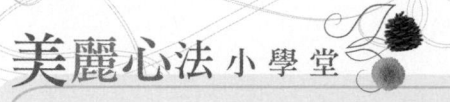

美麗心法 小學堂

哪些美白成分是經過衛生署許可的？

Magnesium ascorbyl phosphate （維他命 C 磷酸鎂鹽）

Sodium ascorbyl phosphate （維他命 C 磷酸鈉鹽）

Ascorbyl glucoside （維他命 C 葡萄糖苷）

3-O-Ethyl Ascorbic Acid （維他命 C 乙基醚）

Ascorbyl tetraisopalmitate （維他命 C 四異棕櫚酸酯）

Kojic acid （麴酸）

Arbutin （雄果素）

Chamomile ET （洋甘菊萃取液）

Ellagic acid （鞣花酸）

Tranexamic acid （傳明酸）

Potassium methoxysalicylate（**4-MSK**）（甲氧基水楊酸鉀鹽）

5,5`-Dipropyl-biphenyl-2,2`-diol（二丙基聯苯二醇）

Rhododendrol（**4-**（**4-hydroxyphenyl**）**-2-butanol**）（杜鵑花醇）

心法 2

化繁為簡
品項要簡單，成分要單純

◆

什麼是化妝品？

　　到底什麼是化妝品？其實很多每天在用化妝品的人都不知道自己用的是化妝品。我常在上課時問學生：「你們從小到大有沒有人還沒用過化妝品的？」大概十次中有六、七次都有男同學會舉手。我接著問：「那你洗臉用什麼洗？」回答說用洗面乳或肥皂，我再問：「那洗頭髮及洗澡呢？」回答說用洗髮精及沐浴乳。我說：「其實你剛剛說的這些都屬於化妝品。」他們總會睜大眼睛：「真的嗎？我怎麼從來都不知道！」

　　的確，其實不只一般民眾不太曉得，甚至連醫學生也不知道，到底「化妝品」包含了哪些東西。因為從小到大所學的知識裡，根本就沒有

這部分的訊息。因此很多人也就在連化妝品是什麼都不知道、不了解的狀況下胡亂買來用了，然後糊里糊塗用了一輩子。

　　其實「化妝品」所指的範圍遠比各位想像中來得大，依照目前國內「化妝品衛生管理條例」第三條指出，**化妝品係指施於人體外部，以潤澤髮膚、刺激嗅覺、掩蓋體臭或修飾容貌之物品。**

　　簡單來說，**只要施於身體外部、目的是用來清潔、美化、增加吸引力及修飾外觀容貌的產品，都屬於「化妝品」**。所以並非只有女生用的「彩妝品或香水」才屬於化妝品，甚至大家常聽到的「護膚品或保養品」，其實在法規上也沒有這種稱呼，全都屬於「化妝品」。此外，依照定義，化妝品是不能拿來食用的（內服），所以市面上常看到所謂「吃的化妝品」，其實都是錯誤的，應該只能說是「食品或健康食品」。

　　另外一類跟化妝品一樣會直接使用在人體外部的物品，就是「藥品」。但藥品的使用目的是為了診斷、治療、預防及舒緩疾病，跟化妝品在臨床意義及法規管理上差很多。

　　雖然本質上，**藥品跟化妝品是有相似的地方，因為兩者都由化學成分所組成。**只是藥品的化學成分通常比較單一，也有比較明確的效能及毒性資料，以及較多的臨床研究文獻，通常是為了醫療需求才使用。但化妝品就不同了。一般化妝品中的化學成分比較複雜多樣，不少成分的實際效能及副作用都不是很確定，相關研究的佐證資料通常也不多，且很多時候，使用化妝品的目的只是為了感性訴求。

也因此，使用藥品前需要經過專業的醫師或藥師來判斷，而使用化妝品則大多依個人喜好或衝動來購買，很多時候消費者甚至不確定自己是否真的需要就已經抱一堆回家了！以現有的化妝品法規來看，化妝品似乎是種化學成分混合物，風險較低、不太需要具備特殊效果，也不太需要被嚴格控管。不過這種想法近年來已經受到很大的挑戰，一方面是因為消費者對化妝品的實際效果期待愈來愈大，另一方面則是因為，廠商對產品的廣宣行銷說法早已超過產品實質能產生的效用，讓愈來愈多消費者無所適從，甚至讓自己的寶貝肌膚陷入險境。

化妝品與藥品的分別

項目比較	化妝品	藥品
成分組成	化學成分組成	化學成分組成
訴求面	偏向感性面	偏向理性面
使用方式	通常自己想買、想用即可任意使用	需經醫師、藥師判斷後使用
使用規定	通常沒有嚴格的規定	會有較多嚴格的規定
使用對象	通常是供一般正常膚質使用	特別針對疾病做處理
實證資料	文獻資料少且不完整	文獻資料多且上架藥品皆需經過實證
品質要求	製造及品管常由廠商自由心證	製造及品管被嚴格控管
風險差異	對身體來說風險較低	對身體來說風險較高

　　雖然我一直強調「化妝品是由化學成分組成」，但一定有很多人會反駁，說市面上有很多宣稱天然、有機、無毒的化妝品，這些應該都不是由化學成分組成了吧？很可惜，在此跟大家說，**所有宣稱天然、有機、無毒的化妝品，其實也全都由「化學成分」所組成**！事實上，不只化妝品是由化學成分組成，你每天喝的水、吃的飯，甚至你自己的身體也全都是由化學成分所組成。無論化妝品內含物是什麼，是水是油還是粉體、

乳化劑、防腐劑或香料色素、溶劑、膠質、萃取物……這些全都是化學成分，無論是人工合成還是從天然物萃取，也全都是化學成分。

被汙名化的「化學成分」

「化學成分」原本是很中性的語詞，沒有正面或負面的意涵，然而這名詞卻常在化妝品廠商的行銷文案中被汙名化，被有心人以有色眼鏡看待，造成消費者過度擔心或誤解。尤其，關於**「人工合成的化學物質比較危險，天然取得的精油或植物萃取比較安全」這個說法，完全是錯誤的**。就像酒精，無論是人工合成還是穀麥發酵的酒精，只要其純度及濃度一樣，喝多了都是會醉、會傷身的。而且像彩妝品所需要添加的粉體，都是從天然礦石所取得，其中常含有對人體有害的重金屬雜質，如果沒有經過嚴格的品管控制篩選，用在臉上反而是有害的，所以礦物彩妝也不一定就比較安全。

很多人對於植物萃取及精油沒有戒心，卻對從石油萃取的礦物油滿懷敵意，但老實說，這兩類成分都是天然成分。所以一種化學成分好不好、安不安全，並不是自己想當然爾，而是要經過科學驗證的。

網路上有些化妝品成分分析網站，會將化妝品中的各種化學成分以安心度、刺激性及致粉刺性來分析，但這樣的分析常常見樹不見林、以偏概全。而且，**把產品中的成分組成個別拆開來以分析整個產品，根本**

就是錯誤的方法。 例如產品若含有酒精，光是濃度、配方及用法不同，其特性就完全不同。很多有關成分的概略說明也常錯誤引用書籍及網路內容，以致原本具教育性質的網站變成只是商業導向之下的附屬品，很多自稱的專家或達人，就這樣照本操課、頭頭是道的分析，殊不知真相是天差地遠。

多數消費者通常站在比較不了解、不清楚的一端，而環保團體及消保團體則站在比較在意的另一端，結果前者可能「該擔心卻不擔心」，後者則可能「不太需要擔心卻過度擔心」。此外，**化妝品成分的安全性並不是光看名稱就可以確定，還有很多其他因素會影響其特性。** 每一種化學成分的差異就跟人的個性一樣，個別差異相當大，不能一竿子打翻一條船。原料的純度、添加的濃度、成分的比例、劑型的種類及製程的控管，都會影響到成品的安全性。

既然化妝品都由化學成分所組成，其成分對於皮膚或人體健康的風險，理論上就可以依據科學資料來評斷。但會對這部分在意的，大部分

只有衛生單位、某些化妝品廠商及研發人員，或了解這領域的專家學者。其實化妝品成分，可以依照其毒性高低、使用範圍、使用目的及接觸風險來判斷分級。整理後可歸類為以下六種：

化妝品成分分類

1. 禁止使用的成分

高毒性物質、致癌物或藥品（例如 A 酸、類固醇及對苯二酚等）成分。

2. 需限量使用及限定用途的成分

主要是指法規上含藥化妝品所表列的成分，或需在特定濃度內使用的成分，如防腐劑、甲苯、三氯沙、壬基酚及壬基酚聚乙氧基醇等。

3. 有使用範圍限制及規範的成分

例如色素及果酸的使用。

4. 不得添加但有殘量規範的成分

針對在化妝品製造過程中，因所需使用原料及其他因素，在技術上無法避免的留下微量自然殘留不純物。像是重金屬在最終製品中的殘量限定，最高為鉛 20 ppm（燙髮用劑為 5 ppm）、鎘 20 ppm、砷 10 ppm（燙髮用劑為 5 ppm）、汞 1 ppm……此外像是鄰苯二甲酸酯類塑化劑之殘留量，不得超過 100 ppm、1,4- 二氧六圜之殘留量不得超過 100ppm 等，也都是例子。

5. 沒有特殊限量限制的成分

如水、油脂、乳化劑、保溼劑等，廠商可依配方需求來斟酌使用，通常原料商及製造商會依慣例調整適當的使用濃度。

6. 應該管制卻尚未有規範管理的成分

這是目前最常遊走在灰色地帶的部分。例如奈米金屬或礦物顆粒、奈米碳球、生長因子、細胞激素、細胞培養液、幹細胞製劑、血液及活體組織取得之相關製劑，各種動植物的萃取成分……都屬於這類別。到目前為止，這部分經常妾身未明，不管的話對長期使用的消費者來說風險滿大；要管的話，目前有不少成分是即使在國際上也沒有明確的相關規定。站在保護消費者的立場，這些成分的管制及追蹤是有其急迫性及必要性的。

　　這些訊息在中央主管衛生單位網站上常會有所說明，但一般消費者對這些資料的意義並不是很了解。要改變這樣的現狀，除了對廠商及民眾進行更多衛教宣導，衛生單位也該建立更有結構性及可及性的資料庫，以方便相關人員查詢。

　　化妝品原料的安全性，大部分可以參考原料製造商及國際上其他國家的規範，但目前為止較受重視的還是只有短期的毒理及傷害反應研究。很多成分對於皮膚、人體及環境的長期影響，都需要更多研究資料才有辦法形成共識。

目前國際上比較知名的化妝品成分安全審核機構，是美國的「化妝品成分評估委員會」（Cosmetic Ingredient Review，簡稱 CIR），其官網（www.cir-safety.org/）上有不少訊息可以參考，有興趣的朋友們可以上網查詢。

在化妝品製造過程中，很多資訊都是消費者無法事先得到的，因此廠商的良心與良知就變得很重要。民眾、政府、廠商及相關專業人士的齊心合作更是必要，唯有大家放下成見、敞開心胸、廣加求證及虛心學習，對化妝品成分的安全性才會有客觀公平的看法，也才能盡量降低產品潛在的安全風險，化妝保養品對皮膚的好處才會有意義。如何讓化妝品對肌膚更安全、對環境更友善，「先求不傷皮膚再講效果」，將是未來化妝品大廠需要面對的重要課題，也是每位消費者以後會都會遇到的問題。

保養也需極簡風

要用一句話說明化繁為簡的保養概念，簡單說就是「**極簡風保養**」，也就是「簡約即是豐富」（Less is More）的內涵。**第一步就是將你使用的保養品種類減少，第二步就是選擇內含成分愈單純的產品愈好。**

　　像我自己的皮膚，膚質算是偏中性，白天出門需要防晒而沒有彩妝
的需求，於是我起床後只需要洗個臉就可以使用非潤色的防晒品，中間
不需要再使用化妝水及乳液。因為大部分時間都在室內環境上班，所以
我選擇的防晒也不需要防水性或防晒係數太高，SPF30 ／ PA++ 左右就很
夠了，這樣的話回家後也只需要用洗面乳洗掉即可，不需要先卸妝。

　　晚上洗臉後，我只需要簡單做點保溼，夏天使用保溼凝露、冬天就
用點保溼乳液。所以我一般使用的化妝保養品只需要洗臉一瓶、防晒一
罐加上保溼一款，三種就搞定了，非常「極簡」啊！

　　此外，我用的產品都是無香料、無色素、無過多萃取成分，而且組
成單純，成分表中的成分種類都盡量找少於二十種。我不用磨砂產品，也
很少敷面膜，既不太需要隔離霜、也不用 BB 霜，更不需要用到彩妝品。
我也不用化妝水，至於精華液，除非我確定它真的是「精華」，不然也
不太會用。總而言之，**保養要搞到很多樣很複雜是很容易的；但想要精
簡又能找到優質的產品，才是最困難的。**

　　常聽到消費者說：「市面上產品這麼多，真不知道要如何選擇！」
其實想了解產品沒有這麼難，只要能看懂成分表、認識產品標示，就會
發現很多產品根本不太需要考慮。我自己對於化妝保養品的「減法選擇
法」是：

1. 成分表中萃取成分太多（超過 5 種）的不選。

2. 成分表中成分種類太多（超過 25 種）的不選。

3. 產品標示不實、不清或不完整的不選。

4. 成分表的表列組成和內容物有明顯出入的產品不選。

5. 成分表沒有依照相關標準標示的產品不選。相關標準如國際專業化妝品原料命名法（International Nomenclature of Cosmetic Ingredients，簡稱 INCI）等。

6. 很難了解產品真相或讓我放心使用的不選。

　　很多人買保養品，是因為看到喜歡就買，或者被慫恿、被推銷、看到朋友在用、看到媒體廣告介紹、遇到百貨公司週年慶、心情高興或不高興……就像有人說衣服永遠少一件一樣，很多人的化妝品也永遠就是少一瓶。「**執著才是一切煩惱的起因，放下反而是離苦止憂的關鍵。**」很多人的皮膚產生問題就是源於對化妝保養品毫無選擇的亂買亂用所致，放下的能力不是與生俱來，而是需要學習的，希望大家能以更審慎的態度來看待化妝保養品，並用更理性的態度來選擇產品。

　　化妝品常跟「美」連結在一起，但化妝品的外在美容易看到，內在美卻很難了解。然而，化妝品內在美的重要性卻是遠大於外在。唯有當你能將化妝品的外在美層層卸下淡定看待，才有機會看到產品的內在美。

心法 3

寧缺勿濫
理性選擇皮膚需要的東西

◆

選擇化妝品應去蕪存菁

先請大家先想想自己是否有以下狀況：

1. 看到電視廣告或網路介紹的誘人產品，就很想買來試試？

2. 看到廣告宣稱或網友推薦產品有神奇效果，就很想買來試試？

3. 看到雜誌或媒體上有名人推薦，就很想買來試試？

4. 即使自己的化妝品已有不少，但總覺得還是少一罐？

5. 特價活動當前，不管自己需不需要，先買了再說？

如果以上問題都回答「是」，那你就可能已經得到「化妝品富裕流感症」。富裕流感症是一種社會傳染病，因為人們不斷奢求擁有更多，導致負荷過度、負債累累、焦慮不安及虛耗浪費等病狀。

想想最早期的、我們阿嬤的年代，洗臉只有肥皂、上妝只有白粉，這樣就可以過一輩子；以前媽媽的年代，洗臉用洗面乳，之後用化妝水及保溼乳液，白天再上點粉底及口紅也就很好了；現在姐姐妹妹的年代，我曾經算過，很多人從早到晚接觸到的化妝品至少有二、三十種，但現代女性的皮膚反而沒有比較好，出問題的機會也比較多。我想這問題的根源應該是：**皮膚需要的真的沒有那麼多，但你給它的實在太多。**在不了解產品之前，寧願不要買，否則很容易後悔。

衝動型消費下買的產品到底適不適合你、你的肌膚是否真的需要、是否安全有保障，大部分消費者都不太清楚。其實，你的皮膚真的不會因為少擦了哪一種化妝品而造成遺憾的。

此外，**很多人以為年齡愈增長，要擦的化妝品也要愈多，其實這是不對的。**我們醫院裡有位六十幾歲的工友，她這輩子都沒使用過什麼化妝品，每天就只有洗臉而已，皮膚卻好得不得了。一來是因為她一大早就到醫院工作，太陽西下了才回家，根本晒不到太陽；二來是因為她沒有化妝打扮的習慣，自然也不需要一堆彩妝品及後續的卸妝處理，只要做好基本的清潔工作，皮膚大致上都沒問題，堪稱是「極簡風保養」的最佳案例。

　　皮膚是活的，是活生生的器官，所以要使用在皮膚上的化妝保養品一定要慎選，因為所有的化妝品都是化學成分所組成。當你使用的產品成分適合它、對它有益，肌膚自然就會往好的方向走；如果它覺得受到傷害不舒服，無法說話表達的肌膚就只好用刺癢、起疹了、發紅、脫皮以及長痘痘來表達它無言的抗議。我們的皮膚一天二十四小時都在工作，想好好休息都不行，如果真的愛護肌膚，就盡量減少它的壓力及負擔吧！你的肌膚一定會很感激你的。

理性消費，愛自己也愛地球

　　近年來人們對於化妝品種類欲求不滿及過度消費的問題愈來愈嚴重，要找到適合自己的產品並不容易。由於消費者平時對化妝品及肌膚保養幾乎沒有基本認識，各家廠商為了商業利益便拚命把產品愈做愈多、愈做愈複雜，加上所有媒體報導都是一面倒的要大家買這個、買那個，許多人也就毫無選擇的愈用愈多，皮膚問題也愈來愈難解。像是敏感性膚質、酒糟、痘痘、皮膚炎、過敏疹及蕁麻疹等愈來愈常見，其中很多都跟濫用及過度使用化妝品有關。

　　尤其，近年來異位性皮膚炎的發生率愈來愈高，以前都以為是因為都市化、高樓化，整體居住環境較為密閉擁擠，導致過敏原濃度升高、

接觸過敏原的機會變大而造成過敏。但近年來有些不一樣的觀點出現，
認為這是源自現在的嬰幼兒太早接觸化妝品，造成皮膚角質層受傷，對
過敏原的抵禦力下降。這點的確相當值得深思。

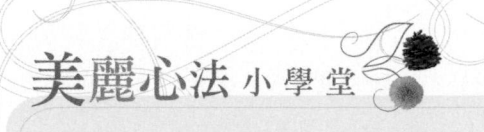

美麗心法 小學堂

舉手之勞愛地球

　　現在很多人都積極提倡「節能、減碳、愛地球」，其實慎選化妝
保養品也可以為地球盡一分力。許多人家中常有沒用完就被丟入冷宮
或放到過期的化妝品，這些產品無論是玻璃瓶或塑膠瓶，或是外包裝
紙盒，都是要回收的。現在有不少化妝品專櫃會設置化妝品廢容器回
收設施，讓消費者能拿著空瓶回收，減少環境汙染。甚至有些連鎖便
利商店、連鎖藥妝店、量販店或百貨公司也會不定期舉辦這樣的回收
活動。

　　至於過期或剩餘的產品內容物，就要先用衛生紙或廚房紙巾將其
擦拭去除，再將廢容器回收，切勿把內容物直接沖入洗手槽或倒進馬
桶中，才可避免汙染環境。小小一件事卻內含大大學問，舉手之勞也
可以讓地球環境更美。但願化妝品廠商也盡量不要把產品種類設計的
太繁複、把成分添加的太複雜，不要過度包裝、只重視廣告及行銷面，
地球及後代子孫的未來都掌握在你我手中。

現在很多嬰兒出生不久就會接觸到的清潔類化妝品，無論是嬰兒沐浴產品、酵素類清潔產品或肥皂，根本沒有認證機制，很少見到成分單純溫和、沒有植萃、精油、色素、香料及防腐劑的產品；而很多人常提到的酵素類清潔產品，由於酵素本身是蛋白質，當小孩的表皮防禦功能尚未健全時，經常接觸反而容易造成過敏反應；至於一般肥皂對嬰兒的皮膚來說鹼度偏高，過度清洗容易造成角質層傷害，讓外界過敏原穿透皮膚，由此可知，**對嬰幼兒來說，在一般狀況下用乾淨的清水來沖洗，反而是最安全的。**

要能做到寧缺勿濫，一定要以理性消費為基礎，但面對琳琅滿目的化妝保養品，消費者到底能不能做到理性消費，這問題不但觸及人性本質，也跟教育環境、行為學、心理學、社會學及行銷學息息相關。我常在思考，如果有廠商推出品質精純、單純安全、價格合理且完全符合法規標準的產品，難道消費者就會接受而大賣嗎？我想很少人會認定這答案是肯定的。

主要的原因是，現在的化妝保養品市場還是以「不理性」為驅動因子。看到廣告中誘人的模特兒就會想像自己使用產品後也會變成那樣；聽到廣告中神奇的宣稱及效果就相信美夢可以發生在自己身上……當整個產業不理性久了，就會造成劣幣驅逐良幣、每況愈下。大家一定會覺得不可思議，為什麼自己會這麼不理性，但這樣的事情真的就天天在生活周遭發生。

其實人本來就是不理性的，而化妝保養品一直以來也鮮少以理性面來打動消費者，所以現在突然要市場歸零、擁抱理性、走入正軌本來就非常困難。但，**人類的理性是可以藉由後天的持續教育、倫理規範、社會約束及經驗所培養**，教育可以讓大家了解化妝品背後的真相，媒體可以平衡報導將正反兩面同時呈現，法律可以切中時弊並達到撥亂反正之效，人性可以擁抱真理、判斷真偽、行正義之道，環境可以對相關產業嚴格把關去蕪存菁，民眾可以從產品實際價值及需求選擇……只要能做到這些，化妝保養品的理性聲音就會慢慢浮現並受到重視。

心法 4

過猶不及
適當適量，勝過追求零負擔

◆

肌膚「負擔」的真正含義

在皮膚保養上，我一直強調「中庸之道、適可而止」。最主要的原因就是，如果一直想追求卓越極致，到最後不是身陷險境就是永遠無法滿足，就像「皮膚負擔」就是這樣的例子。

常會聽到「我們的產品使用天然原料，比較不會造成皮膚負擔」、「用太油膩的產品容易造成皮膚負擔」、「低敏高效，溫和不刺激，術後專用，讓肌膚無負擔」、「清除臉部汙垢、油脂，減輕皮膚負擔，讓毛孔通暢透氣」……每次看到這樣的說法，我就覺得真的很有意思，到底皮膚「負擔」是什麼意思？要怎樣用化妝品才能讓皮膚「無負擔」或「零負擔」？

真的有什麼成分使用後可以讓皮膚「減少負擔」嗎？常在化妝保養品介紹中聽到「負擔」兩字，很多人也把負擔當做負面的語句，但真相是否就是如此？

所謂的皮膚「負擔」，可以簡單分成「內在」、「外在」、「有形」、「無形」及「生理」、「心理」等層次，對於皮膚甚至對整個身體來說，其實天天都在承受「負擔」──氣候變化、疾病失調、紫外線照射、生活壓力、生理代謝……都是負擔。也就是說，我們吃的食物、喝的水，對身體來說也是負擔，需要去處理代謝，所以負擔本身並不是什麼了不起的事，也不需要過度擔憂，簡單說就是「生而有負擔、活也有負擔」，所以**要追求肌膚零負擔是沒有意義的。**

如果把「負擔」解讀成「額外的、不需要的傷害或壓力」，可以嗎？這是目前最常見的「負擔」理論，也就是「閾值」的看法，意指超過皮膚本身可以承擔的傷害或壓力即為負擔。這樣理解是合理的，但衍生下去就是「負擔其實是相對的，並非絕對」，也就是說，對某些人來說是負擔的，對另一些人來說可能不是。

像是酒精，一般正常皮膚短時間接觸並不會造成負擔，但如果長期過度接觸就會造成肌膚負擔傷害；又例如常被當做保溼劑使用的凡士林，在滿臉油光的皮膚上可能就是負擔，但如果是用在乾性膚質上反而就相當適合。所以**負擔與否跟「人、事、時、地、物」有關，不同情境就會有不同結果，**並沒有百分百是或不是。有些成分對某些人來說是「甜蘋果」，但對其他人來說可能就是「毒蘋果」了。

此外，負擔並不全然都是不好的，化妝品用在皮膚上一定都會多少造成皮膚額外的負擔，但如果這種負擔是可以改善或預防後續問題，那這樣的負擔在合理範圍內還是可以被接受的。

　　就像使用防晒品一樣，無論是使用哪一種，都會讓皮膚增加負擔，但如果在適當的場合，在皮膚可以接受的程度下使用，減少肌膚遭受紫外線的急慢性傷害（晒黑、晒老、晒紅或晒傷），這樣的負擔就變得是可以被接受且值得了。但如果你是在晚上睡覺前使用，這種「負擔」對

皮膚而言就沒有意義了。由此可知，**「負擔」在臨床上可以分成「有意義」及「無意義」的，也就是要「言之有物、用之有理、行之有效」的保養才行。**就像運動本身會產生許多代謝產物造成身體負擔，但只要適度且規律的持續進行，身體是可以承擔及轉化的，就長期而言，反而能讓身體愈來愈健康有活力。

另一個衍生而出的觀念，就是「短期」與「長期」的不同負擔。像是磨砂去角質的護膚處理，我就不太建議天天做，因為皮膚的角質代謝本來就有一定的韻律與時序，偶而利用物理或化學方式讓角質代謝「短暫」加速，對於皮膚平滑度會有幫助，但天天去角質、讓角質層處於「長期持續」的過度代謝狀況，反而會造成發炎，甚至產生敏感性肌膚。

由於皮膚的狀況會變，你使用在皮膚上的產品也可能需要改變。像是年輕時，皮膚偏油，保溼產品就可以清爽一點；熟齡時，皮膚會慢慢偏乾，保溼產品就可以滋潤一點。如果給予油性肌膚太滋潤的保溼產品、乾性肌膚給予太清爽的保溼產品，這兩者對皮膚來說就都是負擔。又例如，夏天與冬天的皮膚狀況也可能會不同，甚至有些混合性膚質的人，光是臉上 T 字與 U 字部位的膚質特性就差很多，這時候就需要彈性調整保養方式，以達到平衡狀態。

但這前提是，你的皮膚因為有所變化、有所差異才需要跟著調整。**很多廠商都說，保養品要依季節氣候不同而換季，其實這並非一定需要。**除非你的皮膚比較極端，夏天是油性，冬天是乾性，這樣的話保養品才

比較需要換季；但如果你的皮膚狀況很穩定，一年四季膚質都很接近的話，就不太需要刻意因為換季而更換保養品了。

當你有了「**所有用在肌膚上的產品都會造成肌膚額外負擔**」的觀念，你對於產品的選擇就會比較謹慎，會選擇對肌膚必要及真的有意義的產品。像是化妝，能用淡妝的場合就不要上濃妝，如果要上濃妝也盡量減少上妝的時間與次數，這樣皮膚的負擔就會大大減少；又像是塗指甲油、刷睫毛膏、染髮或燙髮，也是有需要時再做即可，不建議常常做，這也是減少指甲、睫毛以及頭髮負擔最有效的方法。

總結來說，對於皮膚而言，在其無法承受的狀況下會造成負擔，而在沒有補充其不足的狀況下也會造成負擔。**想要讓皮膚「無負擔」或要「零負擔」，其實是沒有什麼意義的，中庸之道才是王道！**

心法 5

禍福相倚
利益與風險只是一線之隔

◆

膠原蛋白不是越多越好

世界上並沒有絕對的好事或壞事，**醫學上也沒有絕對的有效或沒效，保養品也一樣，沒有百分百絕對的好或不好**。現在的化妝品市場常充斥著水火不容的訊息，漢方保養品說一般保養品不樂活不天然，一般保養品說漢方保養品資訊不透明；奈米保養品說傳統保養品吸收力不好，傳統保養品說奈米保養品安全堪慮；藥妝品牌說開架品牌的實際效果較弱，開架品牌說藥妝品牌效果太強不能常用；專櫃品牌說藥妝產品質感不夠，

藥妝品牌則說專櫃產品大多言過其實……看起來公說公有理、婆說婆有理，但如果消費者能跳脫原有的思考方式，站在高一點的角度理性看待這些矛盾，其實就不難了解事情的全貌。

廠商或媒體廣告幾乎只會表達產品的好處及優點，隱藏缺點或壞處，在商言商，這當然無可厚非，所以判斷產品真相的責任只好落在消費者身上。但麻煩的是，現在的消費者大多沒有意識到這點，還以為自己看到聽到的都是真實無誤，這樣的風險就很大了。

例如，在抗老保養上，大家很喜歡使用宣稱可以「刺激真皮膠原蛋白增生」的產品，而近年來很夯的「生長因子」，也宣稱可以讓細胞再生並促進膠原蛋白增生。但大家可能沒想過，如果真皮中的膠原蛋白組織一直增生，一旦過多的話會產生什麼後果？**我們身體的生理功能一定都有個平衡點（恆定範圍），超過這個範圍就容易導致病灶**。例如，在皮膚科中有一種病稱為「硬皮症（Scleroderma）」，就是皮膚結締組織過度增生而沉積在皮膚及血管，造成皮膚緊繃硬化所致。保養品告訴各位的經常只是正面美好的一面（例如持續讓膠原蛋白增生可以抗老），卻不會告訴各位「膠原蛋白增生太多也會是一種病態」。

又例如，皮膚受傷後會產生疤痕，但修復不足的時候，就會產生萎縮性疤痕，外觀看來是凹下去的疤痕，痘疤就是最常見的例子。而如果修復過度，產生過多纖維組織，就會形成肥厚性疤痕，如果組織再繼續增生下去，就會變成俗稱的「蟹足腫」。所以無論是皮膚修復或是抗老保養，都需要有一定的範圍，過多或過少都不是好事。

現在有很多膠原蛋白飲品或健康食品，強調服用後能快速補充膠原蛋白。但老實說，製造膠原蛋白的基本原料，都是在一般飲食攝取中就有的氨基酸，因此就跟你吃其他含蛋白質的食物一樣，**這些你另外補充的膠原蛋白一旦到了腸道內，也是會被分解成氨基酸，不可能被皮膚直接使用。**而且皮膚老化、膠原蛋白流失的主要原因，是製造膠原蛋白的纖維母細胞老化，導致無法正常製造膠原蛋白，這種時候你給它再多的氨基酸原料也沒用。而且這些飲品中常會添加香料及糖，喝一堆下肚對身體來說反而只是負擔，沒有什麼好處。

關於抗老保養，消費者從廣告上看到、聽到的常常只是假象，是永遠無法實現的夢想。皮膚的老化過程是一直在進行、不可避免的，要反轉或扭轉都是不切實際的想法。目前雖然在醫療上可以減緩及預防臨床老化徵狀，但程度上還是有限。**想要抗老，最重要的還是從根本做起，**

如減少長時間的陽光曝晒、正常的生活作息、均衡的飲食、規律的運動、降低精神壓力、避免抽菸酗酒、把身體健康照顧好等。

想要有效抗老，絕對不能本末倒置，有些女孩很擔心自己變老，卻又常節食偏食、菸不離手、熬夜失眠，這樣即使天天使用昂貴的化妝保養品，效果恐怕也很難發揮。其實抗老並非遙不可及，也不需要花大錢，只要想做，幾乎人人都可以做到。不用花大錢打胎盤素、幹細胞，也不用做血液淨化、大腸水療；整天吃一大堆健康食品或喝膠原蛋白、甚或打雷射、脈衝光或注射玻尿酸、肉毒桿菌素等，都未必能找回年輕美麗。最重要的還是**先把內在的抗老保養做好，打好肌膚的底子，外在的抗老處理才能事半功倍。**

化妝品 DIY，因小失大？

這幾年在報章媒體常可以看到自行 DIY 化妝品的說法，甚至有些老師主要就是教民眾 DIY 化妝品。但，**想要 DIY 化妝品，一定要先對化妝品有基本的常識與知識，不然只會因小失大、弄巧成拙。**因為所有的化妝品都是化學成分的混合物，這些化學成分的性質、使用方法及安全濃度，都需要事先了解認識。尤其成分的純度、來源、安全性及對皮膚的影響，更需要嚴格把關。現在市面上的化工行良莠不齊，通常沒有品管過程，產品是否衛生、穩定或安全也不會有人幫你確認，DIY 資訊更是

五花八門。**如果不先了解就貿然而行，就像拿自己的肌膚開玩笑、做實驗，不但危險，更沒有保障。**

此外，現在市場上流行天然有機風，消費者也很喜歡在 DIY 成品中添加多種植物萃取成分及精油，這種做法其實有點危險。因為植物性成分（萃取物）及精油的詳細組成是相當複雜的，不同的製造工廠、生產地域、萃取方法及品質等級，都會影響其成分組成，尤其很多植物性成分（萃取物）及精油對皮膚的安全性都還沒經過完整的研究，有些成分甚至已知對於皮膚具有光毒性、光敏感性及致粉刺性，加愈多種只會讓皮膚接觸到更多未知的危機。

此外，由於 DIY 保養品時，器械及製作過程都無法在無菌狀態下進行，因此成品的保存相當重要，如果沒有額外添加防腐劑，最好在製成後盡快用完，放愈久受到細菌或黴菌汙染的機會就愈大。皮膚容易敏感過敏的人，也最好先在前臂內側或後耳試用，看是否會發生刺激或過敏等情形。使用 DIY 保養品時，一旦皮膚產生任何不適或異狀，一定要立刻停止使用並就醫診治。

自行 DIY 化妝品，消費者所需承擔的風險與責任是不少的，但這一點教人 DIY 的老師從來不會說。媒體也很喜歡找這些老師上節目，但當消費者發生問題時，似乎也從不會有人怪罪這些老師。

或許在 DIY 的過程中你得到了成就感、省了一點買化妝品的錢、多了一些生活的樂趣。但你也許沒注意到皮膚可能承受的風險，而且以後如果發生任何狀況，自己也未必能獨立承擔。

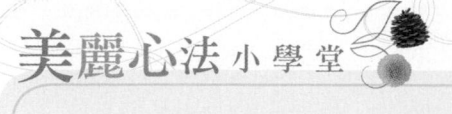

醫美處理停看聽

　　醫美處理原本是針對皮膚疾患的醫療級處理，但現在扯上商業利益、行銷廣告、財團、媒體後，整個市場唯利是圖，輕忽醫德、輕忽風險的狀況愈來愈常見，加上衛生主管單位幾乎都是被動式管理，造成既得利益者愈來愈多、結構也愈來愈龐大，要回歸正途已相當困難。

　　例如，除斑雷射除肝斑容易造成皮膚反黑（色素過度沉澱）；淨膚雷射做太強、太久也容易造成膚色不均。因為雷射本身就是一種強大的能量，打在皮膚上一定會造成細胞受傷，細胞一旦受傷就會發炎，一旦發炎就可能產生發紅及反黑。原本醫美是先經過專業醫師詳細評估，權衡可獲得的效果與可能發生的副作用後，再小心操作的醫療處理，但現在常常只是變成賺錢或斂財的工具，所以常會遇到雷射前皮膚都好好的，雷射後皮膚反而變敏感、留疤或反黑等問題。

心法 6

一體兩面
換個角度看，想法就不同

◆

適量才是藥，過量就是毒

　　凡事都有一體兩面，有優點就有缺點，有好處就有壞處。唯有兩者都放在一起客觀判斷，真相才有辦法清楚了解。

　　很多民眾都認為中藥多吃無妨，這其實也是一個要不得的迷思。今年就有新聞提到這樣的問題。中國醫藥大學附設醫院調查民眾使用中藥的習慣後，發現近七成民眾錯誤認為中藥天然溫和、無副作用，多吃無妨。但中醫師強調，國人長期對中藥有錯誤迷思，認為有病治病，沒病強身，或能以毒攻毒。但**中藥也是藥，並非無毒！誤用或濫用都會危害身體。使用中藥，要像西藥一樣謹慎為之**，即使諮詢過醫師，病症改善後也

不應留作下次使用或介紹親友。像是四物湯雖然可以補血，但女性常吃卻會造成月經量大且延長經期；生化湯具有補血作用，婦女產後除惡露時如果大量服用，則會造成過量失血；男性為了強身補氣，如果過量服用十全大補湯，反而造成高血壓。

任何藥物都一樣，適量適當就是藥，過量不當就是毒。

像是芳香療法（Aromatherapy）或是在化妝品中常會添加的精油，也需要注意這種狀況。精油是由植物中（如樹葉、花、樹枝、樹根、樹汁或草）所萃取得到的揮發性香味有機物質，其組成很複雜，其中包含許多有機化合物，包括醇類、醛類、酯類、酮類、松烯類、香豆素、酸類、芳香醛與酚類等。其中許多物質都已知在一定濃度下可能具有毒性，因此很多人以為從植物中「天然提煉出來」的成分就不會有副作用，是不正確的想法。

精油對於人體的確可能產生某些生理及心理影響，甚至有些精油具有保養效能，像是茶樹精油就有抑菌效果，可做為治療青春痘的輔助療法；有些精油則具有抑制黴菌生長的功能，可用來輔助處理香港腳或灰指甲等問題。然而大部分的精油都還沒有正式、嚴謹的醫學研究報告或實證資料來確認其效果及副作用。且精油的組成品質跟植物的種類部位、栽種地點及方式、採集的時間及方法、萃取的方式技術及保存環境等細節，都有很大的關係，這些資訊消費者都是很難知道的。

有些精油如果使用濃度過高，可能刺激皮膚造成接觸性皮膚炎，輕則產生紅腫脫皮、紅疹水疱，嚴重的話也可能造成化學性灼傷，導致皮膚流湯流水、潰爛發炎。

　　某些精油對於特異體質的人可能造成接觸性過敏反應，產生局部皮膚或全身性過敏；還有些精油中可能含有光毒性或光敏感物質，例如佛手柑、檸檬、萊姆及柳橙來源的精油。因此一般建議在使用後，應避免大量曝晒陽光或紫外線，以免造成光毒性皮膚炎或色素沉澱等狀況。

　　此外，大多數精油其內含的活性成分都不會被定性定量，以確定其效果及品質，因此大家所使用的精油到底主要成分是什麼？是否用在皮膚上真有其價值？老實說實在很難判定。在臨床上，我們就常看到消費者因為對精油毫無戒心，以為是很天然安全的產品便誤用或濫用，反而造成皮膚傷害或副作用。

　　對皮膚來說，接觸一堆化學成分的風險及安全性真的很難評估，使用後即使短期沒問題，也很難確保長期下來一定沒問題。而且一旦使用

後發生問題，要確定是什麼成分所造成，更是相當困難，因此產品中所添加的精油還是適可而止就好，並不是加愈多就愈厲害、愈神奇。

改變基因，人類當上帝？

最近很多化妝品宣稱也都會跟 DNA（去氧核糖核酸）或基因連結關係，但化妝品真的可以這麼厲害嗎？

染色體在細胞核內由 DNA 與蛋白質所組成，基因則存在於染色體上，「基因」特別是指在 DNA 序列上能夠表現出功能的部分。人類的所有染色體上約存在著三萬個基因，而且每對染色體上存在的基因種類及數量並不相同。有時單一基因便能控制一種性狀的表現，而大部分生理徵狀都由一系列相關基因的共同調控來表現，其中的機轉相當複雜且微妙，維持著平衡與恆定。

目前化妝品跟基因的連結主要有兩個方向，一種是宣稱能刺激或抑制基因原本的功能，例如利用基因晶片來篩選相關成分，以激活或抑制不同基因；另一種則是宣稱某些成分具有 DNA 或基因修復功能。但無論是藉由哪種機轉或效果，在廣宣中都很難把以下問題講清楚說明白：

1. 這些成分真的可以輕易進入細胞，影響基因功能或結構嗎？
2. 體外細胞或基因晶片研究，並不能為實際的臨床使用做背書。

3. 實際使用產生的效果，跟其成分是否影響基因功能未必有關。

4. 不能只考量正面效果，可能的副作用與負面影響也要同時考量。

5. 不能只考量短期效果，長期下來對細胞的影響及安全性也需考量。

6. 如果能改變基因功能，如何維持細胞正常調控而不造成紊亂？

　　到目前為止，這部分法規講不清楚、廣宣說不清楚、消費者也很難了解清楚，**從根本影響基因功能猶如潘朵拉的盒子，大家很難忍住誘惑不打開它，但打開盒子後能否承擔後果就不知道了，面對這問題的得失利弊，一定要先想清楚。**

　　現在很多農產品都已經標榜不含基因轉植與改造物質（Genetically modified organism; GMO），有很多民間團體也在訴求非基改作物家園的概念。因為基改作物雖能增加生產量、緩和糧食短缺及促進新型高品質農作物生產，但其安全性及對環保生態的影響也同時引起憂慮。

　　化妝保養品開始宣稱有添加能影響、改變或調節基因功能的成分，而且說的愈神奇誇大就愈能受到注意，這真的是很矛盾的對比。今年美國食品暨藥物管理局已開始對這樣的廣宣提出呼籲及警告，認為有誇大不實的嫌疑，甚至觸及醫療效能的問題。

　　雖然說，以後化妝品成分跟細胞基因的連結會愈來愈常見，但因為基因是細胞的密碼與靈魂，人類想當上帝，真的要先想想看自己能否當得起。尤其化妝品的法規控管又不如藥品，毫無節制的亂用，最後悔不當初也難以挽回了。

心法 7

因材施教
「動態應變護膚法」

◆

每 個 人 的 皮 膚 都 是 獨 一 無 二

理論上，**世界上每個人的皮膚特性都不一樣，所以要如何保養，每個人的答案也都不一樣**。大家一定覺得奇怪，不是市面上的保養訊息都說皮膚可以分成乾性、中性、混合性及油性嗎？沒錯，但這樣極度簡化的分類法只是為了方便產品說明及銷售，很容易讓人錯誤詮釋膚質。

我們皮膚的生理狀況隨時在變，因此膚質也是會變的。青春期之前，小朋友的皮膚都不會油膩，通常保溼度也不錯，也就是接近中性膚質，這是很多成人稱羨的膚質特性；到了青春期，由於遺傳及內分泌影響，加上環境因素（季節、天候及地域）的差異，膚質會有較大的變化，

皮脂腺出油量會增加，偏油性膚質的特性會比較明顯。但不同人之間的皮膚出油量還是有很大的差異。

如果皮膚角質層保水力不夠，或受到傷害而發炎，就容易緊繃粗糙，出現乾性膚質的特性；如果一張臉的不同部位有不同膚質特性，廣義上就稱為混合性膚質；另一種膚質特性則被稱為「外油內乾」，也就是容易出油卻又呈現乾燥狀態。但這並不是正常膚質，常會伴隨皮膚發炎或疾病，建議盡快找皮膚科醫師診治。

由此可知，目前一般市場上的膚質分類是很粗淺的。市面上常聽到「油水平衡」的說法也並不是很正確。**皮膚容易出油跟缺水沒有關係，並不是做好保溼就可以控油。出油是毛囊內皮脂腺的特性，而乾燥與否取決於皮表角質層保水的能力。**

　　理論上，完整的膚質特性包含了表皮的含水度、油脂分泌量、經皮水分散失度、皮表酸鹼度、皮膚顏色、彈性、厚度、溫度、微循環及表面構型等特性，但一般消費者要了解這些細節真的不太容易。簡言之，**膚質是一段時間裡的皮膚狀況，代表比較長時間的皮膚特性；膚況是目前短時間內的皮膚狀態。**膚質及膚況都會隨很多內外在因素而改變，只是膚況要改變比較快、比較容易，而膚質要變就比較慢、比較不容易了。

　　舉個例子來說。A 小姐是很容易長青春痘的偏油性膚質，但如果不當使用 A 酸或果酸，就可能造成皮膚暫時偏乾而產生外油內乾的膚況；不久後，如果停止使用這些成分，就會慢慢回到原本偏油性的膚質。

　　依照自己的膚質及膚況來選擇保養品是很重要的。像某位小姐膚質偏油，所以平常可能會用去油力較強的洗臉產品，以及含酒精的收斂性化妝水，大致上不會有不適感。但如果她同時又使用 A 酸或果酸，再繼續使用原本的洗臉或保養品，就會發生刺痛、脫皮及泛紅等副作用。理論上，這時候較適合使用溫和度較高的洗臉產品，以及適當的保溼乳液來取代收斂水。所以大家要知道，**皮膚是活的、是會變的，保養不能以不變應萬變，要適當、適時、適度的調整才正確。**

　　又例如，每種膚質都有其差異性。像是油性膚質，有些人可能出油到滿臉油光，相當困擾；有些人則可能只是摸起來稍微出油，但不會造成不適感，這兩種狀況所需要的保養也就不一樣。此外，像是乾性膚質，有些人可能只是摸起來皮膚稍微粗糙而已，有些人則可能會嚴重到乾裂脫皮，這兩種狀況所要用的保溼產品滋潤度就不同。

　　所以，不要把自己的膚質限定在某種類別中，要體會皮膚的改變，給予相對應的處理，才是合理的做法。

膚質測量參考就好

　　自己的膚質狀況除了主觀的感覺，客觀的儀器測量也是很重要的輔助工具。像是皮膚角質層的含水量及皮表出油狀況等，都有相關的生理儀器可以定量測量。然而，現在坊間很多測試儀器，機器本身的準確度

不清楚、測試的標準流程也不完整、相關測試數值的意義也沒有被確認、詮釋結果時也沒有考量到可能的變因。很多美容雜誌或百貨公司專櫃，對於這樣的測試或行銷方式尤其感興趣。你會發現各種不同的機器，有些要直接接觸皮膚，有些可能需要拍攝影像，然後就可以在很短的時間內得到皮膚亮度、白皙度、出油度、平滑度、斑點程度、發紅度、角質含水量及毛孔大小等數據，看起來很神奇、很有趣，但真的能代表你皮膚的真正狀況嗎？

其實皮膚科的皮膚生理檢測是很專業的學問，而且所需要的配備、人員及環境都是很嚴格的。首先需要可以校正、準確度高的專業儀器（最好是目前學術界較常使用、較被認可的機型），再來就是需要處於恆溫恆溼、氣流穩定、光源可調整的密閉環境中，之後還需要經過訓練、熟知相關操作技巧的人員。患者在受測時也需要一定的標準作業流程（清潔、卸妝、洗臉、休息及定位測試部位等），整個實驗設計及數據統計也需要專業人員，整個操作過程要做到又好又正確，更需要不少準備動作及經驗累積。

我有遇過剛擦完化妝水就在測量皮膚含水量的；也有遇過剛從外面進來沒卸妝洗臉就在測量皮膚出油度的；甚至有人臉上還有彩妝，就在測量肌膚亮度及斑點程度，這樣測出來的數據根本難以參考。此外，測量所在的環境（溫度、溼度及亮度）常常也是無法固定的。諸如此類，每家的測試方法不同、檢測機器種類不同，每次消費者檢測的狀態也就不同，所以得到的數值結果意義為何，真的很難下結論。

　　常常會遇到很信這一套的人，明明自己是偏油性膚質，測量後儀器說皮膚偏乾，就會相信而購買一堆滋潤度高的保溼產品，使用後反而造成痘痘粉刺問題。此外，現在市場及網路上有很多家用型攜帶式皮膚生理測量儀，有不少美容雜誌或新聞報導也很喜歡引用這些美容儀器的測量結果，但因為這些產品可信度都不易確認，也沒有相關驗證標準，測出來的結果真像是盲人摸象，只能各自詮釋了。

　　很多市場上的肌膚檢測，背後都有行銷產品的商業目的，所以選擇購買化妝保養品時，千萬不要把這些檢測結果當做唯一指標。消費者還是要有自我定見才行，盡信機器數值還不如相信自己肌膚的感覺，自己的皮膚特性還是自己最了解。

如何處理痘痘肌？

　　要處理痘痘肌，首先要釐清到底什麼樣程度的痘痘可以藉由開架、專櫃或藥妝保養品來控制，哪種程度又需要快點找皮膚科醫師治療。由於痘痘本身是皮膚病，理應在發生時都需要找皮膚科醫師診治，但事實上並不容易。很多人都會先使用成藥或痘痘相關保養品，等到沒效或變嚴重後才去找醫師。但這樣其實常常延誤治療的黃金期，也可能因而留下更多難以磨滅的痘疤。

美麗心法 小學堂

青春痘的處理原則

青春痘程度	臨床表現	正確處理方式
輕度	數量少、程度輕微及偶發性的粉刺、丘疹或膿皰等情形。	外用保養品或藥品是主要治療方法（果酸或水楊酸）。
中度	多發性粉刺、丘疹及膿皰。	需同時搭配使用外用保養品或藥品（A酸或壬二酸）及內服藥物。
重度	多發性囊腫、膿瘍及瘻管。	需使用特殊治療並且服用特殊藥物。

　　青春痘一般在臨床上會有以下幾種表現：粉刺、丘疹、膿皰、囊腫、膿瘍、瘻管及疤痕。**只有數量少、程度輕的偶發性粉刺、丘疹或膿皰等，也就是程度比較輕微的青春痘才可以先自行使用外用理療品來處理。**一旦發現有多發性粉刺、丘疹及膿皰或出現囊腫、膿瘍及瘻管時，就已經是中等到重度的痤瘡，及早找醫師診治，使用外擦及內服藥及相關特殊治療，才會對你以後的「面子」比較好。

　　也就是說，現在市面上的青春痘保養品主要是針對早期、偶發性及輕微程度的青春痘，對於晚期、持續性及嚴重度高的青春痘很難有效。至於痘疤，有不少產品宣稱可以減少及預防痘疤，雖然這類產品不能說完全無效，但以學術依據來看，真正確定有效的產品其實寥寥可數。

　　況且，痘疤的原因主要是因為先前長了青春痘所留下的後遺症，擒賊必先擒王，應該要先好好處理青春痘才是上策。青春痘生成的原因是多因性的，臉上看到的痘痘可能只是問題的冰山一角，治療固然重要，以整體的概念來看青春痘問題才是正確的態度。

　　在臨床上，很多人也說自己臉上的「痘痘」看起來並不嚴重，但用了很多相關藥品及保養品卻都沒效，不知道該怎麼辦？仔細觀察後才發現，原來他們臉上的問題並不是單純的青春痘，而是屬於「痤瘡樣病灶」。像是玫瑰斑、酒糟、類固醇性痤瘡、化妝品性痤瘡、口周皮膚炎、皮屑芽孢菌毛囊炎、革蘭氏陰性菌毛囊炎……在臨床上都長得跟青春痘很像，好發年齡也都在青少年到中年期間，所以常被誤以為是青春痘而延遲治療或錯誤治療，這些都是需要進一步鑑別的。

如何改善敏感性膚質？

　　所謂的「敏感性膚質」，是指皮膚本身對外界刺激的耐受度較低，容易受到環境溫度、溼度、物理性及化學性物質刺激，造成燒灼感、泛紅、發癢、刺痛、粗糙、緊繃、脫屑及皮疹等情形；至於「過敏性膚質」，則是指皮膚對某些金屬、香料、防腐劑或化學成分，產生特異體質性的過敏反應，但只要平時不接觸這些物質，其實跟一般人的膚質不會有太大差異。所以敏感性與過敏性膚質其實在定義上有很大的不同。此外，過敏性肌膚可藉由貼膚試驗來找到誘發的過敏原，但敏感性肌膚到目前為止，並沒有已達到共識的檢測方式可確認病因，主要還是以患者的主觀症狀及病史描述來推測。

敏感性膚質的原因，以目前研究的結論來看，可能跟表皮的障壁功能優劣、皮脂的成分組成、皮表的酸鹼度、皮膚神經、血管以及發炎反應有關。臨床上，很多人皮膚剛開始有不適時，都會以為自己是敏感性膚質，但看了醫師後才發現原來是因為其他皮膚病所造成，只要把皮膚病好好控制下來，敏感症狀就會改善很多。像是脂漏性皮膚炎、異位性皮膚炎、接觸性皮膚炎、臉部皮膚炎、酒糟、乾癬、蕁麻疹及類固醇戒斷皮膚炎……都有類似敏感或過敏的狀況，這時候一定要做詳細的鑑別診斷，才能揪出病因正確治療。

敏感性膚質的誘發因素相當多，舉凡環境（溫度、溼度、陽光及冷風）、飲食（辛辣刺激性食物及酒類）、接觸（化妝品、過度摩擦及肥皂清潔劑）、過敏、生活方式（壓力及情緒）或荷爾蒙（內分泌）……皆可能誘發敏感性肌膚。其中有一種稱為「化妝品不耐症候群」，簡單說就是因為化妝品（包括清潔、保溼、染髮劑、燙髮劑、香水、面膜及彩妝品等）所造成的敏感性膚質。這類患者常常只要使用化妝品就會感到不適，產生乾癢脫屑、潮紅發熱等情形，對其日常生活及精神情緒造成很大影響。近年來這案例有愈來愈多的趨勢，實在值得大家重視。

近年來，由於藥妝品的流行加上銷售通路紊亂，像是果酸、水楊酸、維他命 C、對苯二酚或維他命 A 酸等成分，雖然對黑斑、皺紋、皮膚抗老等有不錯的療效，但由於它們本來對皮膚就可能有刺激性，而且使用上有許多需要注意的地方，許多人在還沒了解自己的肌膚適不適合前就隨意使用，反而未蒙其利先受其害。除此之外很多不具醫師、藥師或護理

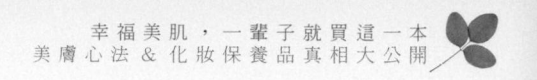

美麗心法 小學堂

敏感性膚質判斷

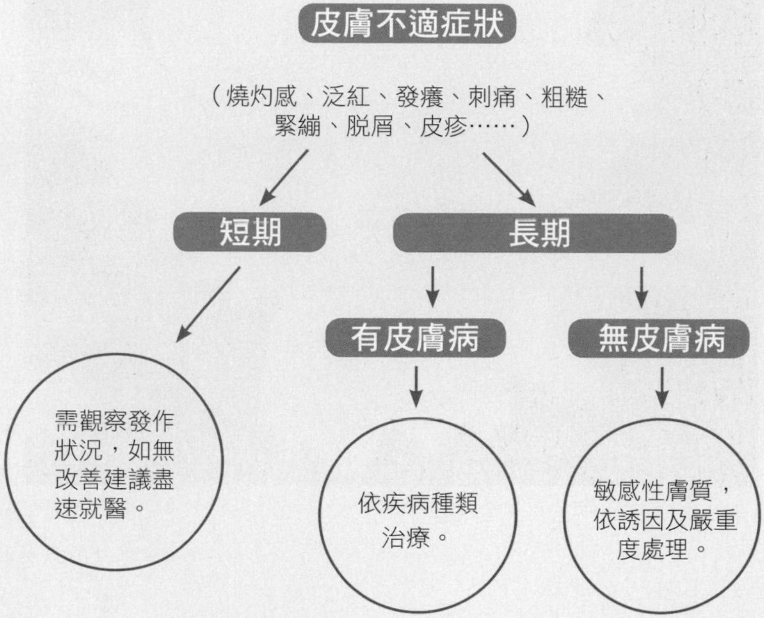

皮膚不適症狀

（燒灼感、泛紅、發癢、刺痛、粗糙、
緊繃、脫屑、皮疹……）

短期　　　　　　**長期**

　　　　　　有皮膚病　　　**無皮膚病**

需觀察發作
狀況，如無
改善建議盡
速就醫。

依疾病種類
治療。

敏感性膚質，
依誘因及嚴重
度處理。

師身分背景的美容專家或名人藝人，也會公開出書教導民眾如何自行選購藥妝品，或是代言推薦相關產品。**許多消費者的敏感性膚質原本其實是可以避免的，只要多了解自己的膚質、多注意自己使用的產品成分，不要道聽塗說、人云亦云，把自己的皮膚當做實驗品，就可以免受許多罪。**

　　總而言之，若你覺得你的皮膚屬於敏感性肌膚，請把皮膚發生問題時的相關症狀及當時可能的環境因素記錄下來，並且留心注意可能的誘發因素，切記不要自行亂用成藥、亂擦保養品。同時，還要把當時所使用的化妝保養品留下來，盡快找皮膚科醫師判斷及診治。

　　市面上有很多宣稱低致敏（Hypoallergenic）或專門給敏感性肌膚使用的產品，但大家要知道，**世界上還沒有一個國家的衛生單位對低致敏類產品給予明確定義**，所以這些宣稱都只是廠商自己說的，是否有這樣

的角色就不一定了。也因為沒有明確規範，我也曾看過宣稱專為敏感性膚質設計的產品，竟然也含有高濃度酒精、香料、色素及多種複雜的植萃成分，根本就是名實不符。

此外，因為敏感性膚質本身有程度上的差異，並非所有敏感性膚質都一定要用宣稱低敏性的產品。有些人敏感度較輕微，只要減少所使用的產品種類並使用單純安全的化妝品即可；有些人可能敏感度較嚴重，此時甚至會建議停止使用所有化妝品，暫時用清水洗臉就好，並且讓肌膚好好休息一陣子。如果長期有敏感性肌膚的徵狀，一定要先找醫師確定是否有皮膚病，如果沒有的話，再依不同的誘發因素及程度來處理。

正確卸妝學問大

臨床上，很多人都會問我清潔程序是否需要先卸妝？卸妝產品要怎麼選擇？讓我用以下表格來說明。

皮膚保養就是這麼有趣又簡單。只要你對自己的皮膚特性及想卸除的妝容有了解，就可以用理性系統的分析方式來進行配對，這樣以後對於卸妝處理，就不會再覺得是件麻煩且難以掌握的事了。

美麗心法 小學堂

卸妝處理原則

欲處理之狀況	卸妝方式
沒有上妝也沒有用保養品	不需卸妝，只需洗臉
沒有上妝只使用一般保養品 （乳液、乳霜、凝膠、化妝水或精華液）	不需卸妝，只需洗臉
有使用非潤色性、非高防水性 防晒	不需卸妝，只需洗臉
只使用蜜粉、眼影及腮紅	不需卸妝，只需洗臉
有使用粉餅及粉底 （偏淡妝）	需要卸妝，可使用水性卸妝液或露
有使用高潤色 （例如粉紅色、膚色、紫藍色或綠色） 遮瑕性及高防水性防晒品	需要卸妝，可使用卸妝乳、霜或油
有使用遮瑕（BB）、飾底、隔離 或粉底產品（偏濃妝）	需要卸妝，可使用卸妝乳、霜或油
有使用唇膏、唇蜜、口紅、 眼線及睫毛膏	需要卸妝，可使用眼唇卸妝品

心法 8

循序漸進
肌膚保養三部曲

◆

由內而外，健康美膚

　　肌膚保養最重要的第一件事，並不在保養本身，更不是要選擇什麼產品，而是先把自己的身體健康照顧好。皮膚是人體最大的器官，它會反應出身體內在的狀況，包括情緒、壓力及荷爾蒙的變化。所以想要做好皮膚保養，首要就是先把身體照顧好，注意健康，把情緒調整好、減少壓力及失眠熬夜等狀況，注重營養均衡及蔬果攝取並減少食用垃圾食物或過度加工的食品，且避免抽菸、吸毒及酗酒等習慣，培養規律適當的運動與休憩活動。由內而外做起，才是追求美麗事半功倍的不二法門。

很多人都會問我，從什麼時候開始需要保養皮膚？其實答案是「從**出生開始**」就要做。皮膚保養是沒有限定年齡的，不同年齡不同階段都有應該做的事、需要注意的地方，一切的根本都要先從內在做起。如果你是那種每天都會抽菸喝酒、生活作息顛三倒四、三餐飲食不正常的人，想要皮膚變好，不但效果有限，甚至可能白花冤枉錢。

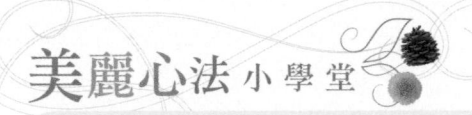

美麗心法 小學堂

幾歲才要開始使用化妝品？

其實何時開始使用化妝品的關鍵並不在於年齡，而在於你是否已經做好使用的準備。以下有幾個標準供大家參考，可以在購買產品前先問問自己：

1. 你知道你使用化妝品的目的嗎？
2. 你知道如何辨別標示完全的產品嗎？
3. 你知道化妝品「亂用不如不用」的道理嗎？
4. 你知道你皮膚的實際需求及膚質膚況嗎？
5. 你知道如何慎選安全性較高的產品嗎？
6. 你知道產品中活性成分的目的及可能導致的效果／影響嗎？
7. 你知道產品的安全問題常隱藏在其成分裡嗎？
8. 你知道用太多或不適合的化妝品可能對皮膚有害嗎？
9. 你知道照顧肌膚並不是只有使用化妝品一途嗎？
10. 你知道購買化妝品前最好先學習基本知識，而非看廣告或聽介紹嗎？

其實很多人都是在糊裡糊塗下就開始使用化妝品，而且這糊里糊塗的年齡還愈來愈低。包括我自己在當皮膚科醫師前也是如此，當了醫師後才知道，這樣真的有點冒險。如果在一切都沒有準備的情形下就亂買亂用，小則勞民傷財，大則傷身害膚，實在不可不慎。

防晒做好，白嫩美膚

肌膚保養的第二個重點是防晒措施要做好。防晒並不是光用防晒品就可以，正確的防晒觀念應該是先做到盡量避免在正午時分外出曝晒太陽、盡量使用或找尋遮蔽物來減少陽光曝晒，依氣象局預報的紫外線指數來搭配適當的防晒措施，最後再使用適當適量的防晒品做好完整的防晒保護，才會完整有效。

選擇防晒品時，要注意產品的標示，務必要正確清楚。因為防晒品多數都屬於衛生署列管的含藥化妝品，其規定許可證字號、防晒成分、種類及濃度都應該要仔細標示。

此外，防晒係數的完整標示也很重要（防 UVB 的 SPF 系數及防 UVA 的 PPD 或 PA 值都需要），還有像產品用途、用法、產品特性或說明、製造日期、出廠日期、批號、有效期限或開封後的保存期限、產品保存方法及注意事項、產品相關規格及重量或容量、產品製造商、進口或經銷商公司的名稱及地址、聯絡電話及消費者服務諮詢專線或 Email

等，都是需要的。如果這些標示沒有清楚完整，就不要輕易購買，以免買到無效或劣質產品。

挑選防晒產品時，可依個人膚色、生活習慣及不同場合，選擇適當係數的防晒產品，**不要盲目追求高防晒係數產品**。例如膚色較深、日常生活不會過度曝晒或內勤上班族及粉領族，選擇 SPF 20 ～ 35 左右、PA ++ ～ +++ 的產品即可；而皮膚白晳、雷射術後、易長斑者或是戶外運動及游泳玩水的話，就應該選擇 SPF 35~50+ 及 PA +++ 的產品。

如果有戶外運動需求、長時間曝晒陽光，或不可避免的會在正午時分受到曝晒，建議就要選擇高抗水性產品。而小朋友及皮膚容易敏感的人，選擇純物理性防晒及不含色素香料的產品會比較適合。若有需要藉底妝來修飾改善膚色，則可選擇有潤色（例如粉紅色、膚色、紫藍色或綠色）功能的防晒品。

使用防晒產品時，**想要達到產品宣稱的防晒係數效果，必須使用到一定的量才行，也就是每平方公分需要 2 毫克才夠。**

例如一般成人整臉使用的話，大約需要 1 毫升（cc）的量才能達到產品所標示的防晒係數強度。很多產品都宣稱有防晒效果，像隔離霜、妝前霜、日霜、美白霜、BB 霜、粉底霜、粉底液、粉餅……在包裝上也會標示防晒係數，但如果以一般彩妝的使用量來看，防晒效果不如預期好；如果以防晒品的有效用量來使用，又可能造成妝效大打折扣。

所以這些產品比較適合當做防晒的輔助品，想要達到較好的防晒效果又能把錢花在刀口上，還是先使用足量的防晒乳液或防晒乳霜打底，之後有需要的話再輔以有防晒效果的彩妝隔離品即可。

此外，**使用較低防晒係數的防晒品但常常補擦，其效果會比使用較高防晒係數產品卻不常補擦來得好**。且因為防晒品在肌膚上流失的程度，跟個人流汗的程度及皮膚與衣服或環境的接觸有關，所以補擦的頻率要視個人狀況而定，沒有規定多久要補擦一次。如果周遭環境悶熱、流汗多，可能不到一小時就要補擦；如果你處於中央空調、無陽光曝晒的室內清涼環境，則大約 5 ～ 6 小時補充一次即可。

清潔做對，亮麗美膚

肌膚保養的第三個重點是清潔洗臉要做對。一般人在還是小朋友的時候，因為皮膚出油量少，也不太需要使用彩妝，通常用清水洗臉就很夠了。到了青少年以後，因為出油量增加且可能開始使用化妝品，皮膚

的基本清潔就變得很重要。市售的洗臉產品很多，每種產品的清潔力、溫和度及洗後感覺都不同，一定要選擇適合自己膚質膚況的產品。通常**洗臉完後的正常感覺，應該是清爽潔淨而不緊繃滑膩，不應有刺癢、發紅、脫皮或起疹子的情形**。價格高的產品並不一定適合自己，別人覺得好用的潔面產品，也不一定保證自己就合用，而且洗臉用品是可以因季節、環境及皮膚狀況不同而做適度調整的。

面對市面上琳琅滿目的洗臉用品，挑選的原則其實很簡單。就是**要選適合自己膚質膚況、最好可以清潔乾淨卻又溫和不傷皮膚的產品**。有些人是油性肌膚，卻過度擔心潔面用品傷害皮膚而只用清水洗臉，這樣即使一天洗個 5、6 次，還是事倍功半。因為臉上的老舊角質、分泌的皮脂或黏著於皮膚上的髒汙，都含有油性物質，光用水洗是無法徹底清潔乾淨的，借助適當的潔面用品來清潔才是正確的方法。

一般而言，早晚各洗一次臉就已經很足夠了，膚質偏油的人，可以於中午再多洗一次。太多次的臉部清潔不但不方便，反而容易對皮膚造成傷害。此外，有些人使用了不適合自己的潔面產品，洗到皮膚都已經乾澀、發癢、脫皮及發紅，還以為這樣才有足夠的效果，其實正確適當的洗臉後不應有刺癢、發紅、脫皮或起疹子的情形。

清潔產品的選擇要因人事時地的不同而有所調整，像是老年人及嬰幼兒、正在治療青春痘的人、皮膚容易敏感及偏乾性的人、剛做完雷射治療或果酸換膚的人，以及皮膚容易有溼疹或皮膚炎傾向的人等，對於清潔產品的選擇就要特別小心，以免因選擇不當而造成後續傷害。尤其

洗臉時，長痘痘的地方不要故意用力搓洗，這樣做不但無法將痘痘除去，反而容易發炎。

擁有健康美麗的肌膚是每個人的夢想，只要能了解皮膚清潔的重要性，每天願意多花一點點時間及心思，做好正確適度的清潔，一定能日起有功，常保肌膚晶瑩亮麗。

正確的皮膚保養觀念應要先從內在做起，從基本的防晒及清潔做起。如果這些都沒有做到、做好，就整天想著要美白、抗老、或一堆有的沒的醫學美容處理，那只是捨本逐末。皮膚的基本保養原本是不需要花什麼錢的，只需要適當的防晒乳及洗面乳，再做好保溼即可，而且通常開架或藥妝通路即可買到。

這也就是我常跟各位提到的「**輕鬆無壓保養法**」。現在有太多廠商及民眾把基礎保養搞得太複雜、太瑣碎，讓人買了一堆東西、用了一堆產品、做了一堆處理，皮膚卻反而愈來愈糟糕。保養肌膚一定要用對方法走對路，否則不但無法讓皮膚變好，還會自找麻煩惹來一堆問題。

心法 9

知足常樂
欣賞不完美的真美

◆

不 完 美 才 是 真 美

　　皮膚科跟其他科別比較不一樣的地方是，我們常看的不是「有病」的人，而是「沒病」的人。這些人都想追求肌膚的完美狀態，也就是好還要更好、美還要更美。適度的追求對人性來說無可厚非，不但是現今趨勢也是可以達到的，但過度的追求不但會造成生活品質低落，甚至可能造成精神壓力及身心疾病。

　　在化妝保養品廣宣中，對於無瑕肌膚的追求看似一蹴可及，但到底什麼才是「完美無瑕」的肌膚，真的很難定義清楚。因為自然界根本就

不追求完美，完美跟毀滅只是一線之隔。自然界追求的是藉由生物多樣性達到動態恆定的狀態，唯有如此才能因應持續變化的外在與內在環境，也唯有如此，大自然才能持續良好運作。**人類大概是所有生物中最積極追求完美的物種，但人類也是最容易鑽牛角尖而造成自我困擾的生物。**

　　臨床上，常有人要求臉上一個斑也不能長，但即使整天像小龍女一樣足不出戶，還是有可能長斑；也有人要求一條皺紋也不能有，用盡方法做醫美處理或微整形，最後卻可能得到一張如撲克牌般生硬的臉，並非自然之美；也有些人整天看鏡子，對自己的皮膚自怨自艾，總覺得不如人，為什麼別人的皮膚總是比較美；有些人則因為皮膚的慢性病而把自己鎖在牛角尖裡，不願敞開心胸來面對，也不肯放下偏見來治療，整天嘗試毫無根據的偏方，過度的心理壓力反而造成皮膚問題惡性循環，更難恢復。

　　例如，敏感性肌膚或酒糟（玫瑰斑）患者，其微血管容易因內外在的不同因素而擴張，造成臉部變紅、變熱、變腫及不舒服。長期反覆下來難免造成心理上的壓力，此時如果又用錯藥品或保養品，只會愈弄愈糟，心理壓力也愈來愈難以承受，甚至導致自律神經失調，然後又回頭造成皮膚微血管更不穩定，讓臨床症狀雪上加霜，更加難以控制。

　　掉髮也一樣。當患者過度在意落髮時，也會造成心理壓力上升，壓力一上升就更容易掉髮，更容易鑽牛角尖去注意掉髮，結果原本可能只是輕微可逆的正常性落髮，最後卻變成嚴重不可逆的病態性落髮。

　　近年來就發現，很多皮膚問題都跟心理狀態有很大相關性，像是溼疹、青春痘、皮膚出油、蕁麻疹、敏感性膚質、酒糟、脂漏性皮膚炎、乾癬、掉髮……其嚴重度及復發度都跟心理狀態有關。中醫內科學也說「心其華在面、腎其華在髮」，心與腎的功能正常與否，常常從臉上和頭髮就看得出來。也就是說，**很多身體的內在狀況是會影響到外在皮膚狀態的。**

　　皮膚的性質跟先天遺傳與後天環境有關，很多變化並非皮膚自己所願意，而是不得已。臨床上，常發現很多人對自己的肌膚總是苛求大於感恩，有時候它只是耍點小脾氣，產生敏感症狀讓你不太舒服，但這很有可能是因為你不小心讓它接觸到不想碰的東西或保養不當所致；有時

它會生病，產生發炎反應或皮膚癢，讓你坐立難安，但這就像你偶爾會感冒一樣，好好處理還是最重要的；或者有時它會長痘痘讓你恨得牙癢癢，但這可能只是在提醒你，最近壓力太大、太晚睡了，或許你不規律的生活作息、不正常的飲食習慣及日以繼夜的精神壓力，已經讓它快要喘不過氣，快要受不了……

　　如果可以靜下心來好好想想，也許會發現，這些問題並不是肌膚故意要找你麻煩，許多時候，它也是無辜的受害者，只是你不知道而已。

真美在你我心中

　　到底怎樣才是「美」？真的是滿有趣的問題。當了皮膚科醫師之後常會思考「美」的問題，常遇到很多自認為「不美」的人想要「變美」，也有不少看起來已經「很美」的人想要「更美」，而無論是美容整型或是化妝保養，其目標都一樣──希望讓使用者的肌膚或容貌能夠更美。

　　但到底什麼是「美」、皮膚科醫師要怎樣看待「美」、到底怎樣的「美」才是真正的「美」？把多種彩妝品堆砌在素顏的臉上，這樣就「美」嗎？用盡心思整成明星臉或模特兒的外表，就是「美」嗎？臉上容不下一點瑕疵，整天擔憂歲月流逝青春老去，這也是「美」嗎？要回答這些問題還真不是這麼容易，在臨床上常見的狀況是：**人們很容易被外在美的框架所禁錮，卻忽視了實質的內在美。**

　　臉上用再多的彩妝品、抹再貴的保養品、整再多的部位，如果沒有內在美的襯托，這樣的美是容易隨風而逝的。**真正的美應該是從內而外兩者兼具**，先了解、充實自己的內在，讓心靈的喜悅與自信能自然顯現在臉上，再輔以適當的外在美來保養與修飾。

　　對我來說，這樣的美才是真正的「美」。

　　當你只記掛著你想要的或是你所缺的，便會忘記你現在已經擁有的一切。如果你總是想著希望自己變成這樣、變成那樣，總是覺得別人擁有的都比自己好，你就會慢慢忘記內心的自信與喜悅，並失去欣賞及感恩「原我之美」的本能。

　　其實，最美的妝容就是你的一抹微笑。世界上並沒有完美或絕對的「美」，真正的「美」在你的心靈裡，需要你用心去體會。當你能參透、發現不完美也是美時，不但生活周遭的事物會更美，你也會更美。事實上，天生具有沉魚落雁之姿的人比例並不高，但現代社會輿論及媒體廣告卻常過度美化、誇大這部分，有時甚至用欺騙的方式，造成多數人都無法欣賞自己的本我之美，只是一心想改變自己、追求別人所認定的美。但重點是，即使你可以藉由現在的整形手術，讓你變臉成類似某藝人或明星的外表，但你的心、你的人生、你的價值觀與你的思考模式就會因此而改變嗎？事實上，俗話說「相隨心生，境由心轉」，能否達到美麗境界其實只是內心的一念之間。

　　知足常樂，從心底去感激自己的肌膚，有機會多到大自然走走，觀察世界萬物之美及天地運行之道，你將會發現，皮膚的美不能光看表面

工夫，而是要重實質內涵。皮膚要美，要先發自內心去欣賞體會自然界的真美，不然做了一堆事只是枝微末節。我自創了一套「賞花美膚法」，也在書中把我自己拍攝的美麗花朵跟大家分享，希望每個人都可以常常接觸美好的自然事物，心情因而更開朗泰然，皮膚也能在潛移默化之下漸

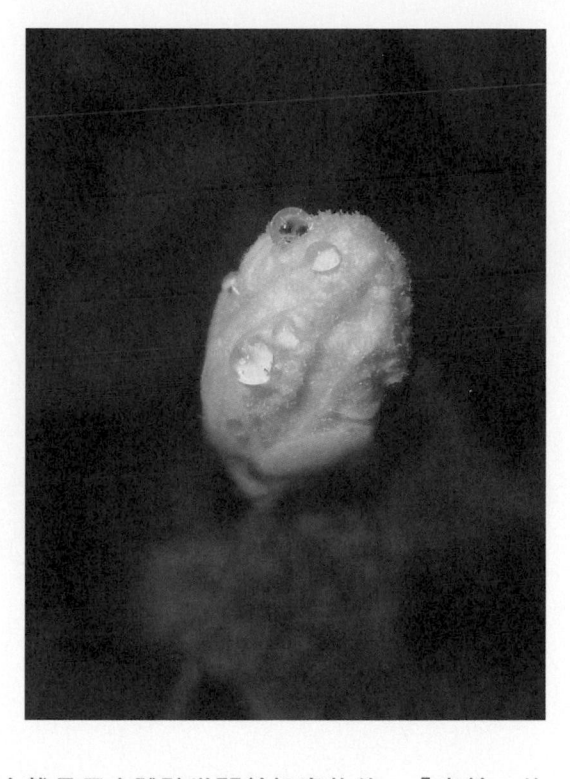

漸變美變好。**人生短短數十載是用來體驗世間美好事物的，「真美」的道理也要靠自己去追尋。**

　　保養的過程是一種體驗、一種領悟，更是一種「道」，從肌膚保養的探索中發現肌膚之美、了解自然之律，讓身心靈獲得幸福與快樂，是我努力追求的最高境界，中間的過程雖然頗具挑戰，但實在很有意思。美是需要用心體會、用心感動的，思天地之大美、悟肌膚之真美，才是「美」之道理。希望各位都可以達到如此境界，幸福美麗將無所不在。

CHAPTER|3

市售化妝保養品
真相大公開

◆

化妝水

◆

一定要用化妝水嗎？

　　化妝水應該是很多人最早接觸的化妝品類別之一。化妝水最早的使用目的是為了清潔，也就是在卸妝洗臉後再進行二次清潔。但因為現在卸妝清潔產品效能已經很不錯，於是這部分的目的訴求已經漸漸淡出，化妝水的角色訴求也漸漸從清潔轉變成保養。舉凡保溼、美白、抗老、紓緩、抗痘、抑油、去角質、促滲透等功能，在市場上都可以找到相對應的產品。

　　但是，以配方來看，**化妝水的主要成分就是「水」，所以主要功能就是快速增加角質層含水量並軟化角質**，但如果後續沒有使用其他保溼成分產品來維持，其效果也不會太持久。此外，許多廠商所宣稱的、各式各樣功能的化妝水，如果其中活性成分添加濃度不高，效果也是有限。即使是所謂的「高機能化妝水」、「美容液」或「精華液」，因為這些名稱都沒有明確標準，所以是否改名後效果就會比較強，實在很難說。

　　也就是說，**如果你的保養程序是在洗臉不久後就進行，而且已經有適當的產品可以搭配使用，化妝水是否還需要，就是見仁見智的問題了。**

　　真的要用的話，因為消費者常會把化妝水當做保養程序的第一步，因此如何選擇成分單純、安全的產品就很重要，否則只是讓肌膚接觸到一堆不太需要的化學成分。以一般原則來看，**單純的花水（如玫瑰花或金縷梅）、植物萃取水（如葡萄水或絲瓜水），以及從溶液滲透度來看，屬於等張或低張的活泉水等，都是最基本的化妝水。**

　　在化妝水中添加色素、香料以及過多的界面活性劑及植物萃取，則不是很需要。無論使用哪一種，其單純性及安全性還是最需要考量的重點。簡單說，化妝水在肌膚保養程序中並非絕對必要，但如果想用，就要找單純安全的來用，例如沒有色素、香料、酒精、精油、乳化劑及過多植萃成分的產品。

　　有些化妝水還宣稱能促進後續的保養成分吸收，廠商也常會添加界面活性劑、丙二醇或酒精等促滲劑來達到這種效果，但這些成分對皮膚來說，其實沒有太積極的保養作用，長期接觸反而容易造成傷害。

　　化妝水也常主打能被「快速吸收」，主要是因為產品中含水量高，**其實只要在其中添加揮發性物質，使用後就會快速乾燥，而被認為是「快速吸收」**。此外，「快速吸收」也要看肌膚吸收到的是什麼成分，如果需要的、不需要的全都被「快速吸收」，對皮膚來說未必有好處。

　　時代在改變，化妝保養品的角色也會改變，化妝水就是個明顯的例子。但無論產品名稱怎麼變、成分怎麼調，**了解產品的走向與成分特性、選擇單純安全、適合自己膚質需求的產品，還是不變的原則**。

化妝水溼敷很有效？

　　這幾年，媒體常會建議化妝水要用溼敷的比較有效，但溼敷真的對皮膚百利無一害、是可以隨心所欲使用的嗎？

　　「溼敷」在皮膚科是一種處理皮膚問題的方式，皮膚科使用外用藥有個簡單的原則：乾對油，溼對水。也就是當病灶呈現乾燥狀態時，會用油劑來處理，反之則用水劑。像是急性溼疹或燙傷時，皮膚流湯流水、處於有大量滲出液的狀態，就會使用生理食鹽水加上紗布來進行短時間的溼敷處理。這是一種可以讓皮膚糜爛狀況快速收斂的方法，而且水分蒸發時會產生清涼效果，因此溼敷後對皮膚會有舒緩及乾燥的作用。

　　化妝水加上化妝棉溼敷，也有異曲同工之妙，但重點是，化妝水的成分遠比生理食鹽水還複雜多了，其中常有香料、色素、乳化劑及一堆

植萃成分，加上溼敷後接觸時間常常過久，於是臨床上就會看到不少不
敷還好，溼敷後反而容易變得敏感乾燥的案例。

　　更何況，現在很多化妝水都會添加酒精，以一般方式來使用的話，
因為酒精很快就會揮發，對皮膚的刺激性不大，但如果拿來溼敷就可能
造成皮膚刺激及敏感。如果產品中的成分較複雜或含有較容易造成皮膚
過敏的防腐劑及香料，一旦拿來溼敷，也容易增加過敏的機會。

很多人剛溼敷完時，都會覺得很舒服而且膚感立刻變好，這是因為角質層水分快速增加所造成的短期感受，就跟敷面膜一樣。但其效果也跟敷面膜一樣，常常只是曇花一現。等到水分蒸發掉之後，就會如同灰姑娘回復原形了。甚至有些人溼敷時還會加上保鮮膜來增加密封性，短期效果會更快、更明顯，但如果用的是不當的產品，長期下來對皮膚絕對是弊多於利。

人類的皮膚經過幾億年演化，已經自成一套小宇宙，但這幾年保養市場上卻常出現破壞皮膚原本生理運行的處理，而且經常把處理問題皮膚的方法套用在正常皮膚的保養上，用牛刀來殺雞，看起來很快速厲害，但只要一不小心，後果可是難以掌控。

使用化妝水不一定要用溼敷，想敷的話，一定要找到單純安全的產品。使用前最好先局部敷用測試看看，使用時間及頻率也不宜過久過高。皮膚偏乾的話，溼敷後還是要用些鎖水保溼產品，才不會愈敷愈乾。

礦泉噴霧化妝水「只是水」？

去年有一則關於化妝水的新聞：「唬爛 4 名牌化妝水『只是水』，150 毫升賣 400 元比汽油貴」。這標題厲害，馬上引起熱烈轉寄、分享與討論（其實類似的新聞在 2007 年就出現過了）。

　　化妝水的主要成分本來就是水，而最單純的水也算是最簡單的化妝水。但市面上並沒有化妝水會宣稱自己只含有 100% 的過濾純水，裡面一定要加點行銷上可以宣傳的成分，或是水的來源或取得一定得有其特殊性才行。

　　篩選目前的市售產品，礦泉噴霧應算是單純安全的化妝水之一。

　　這些礦泉水最早並不是被裝瓶當做一般化妝水使用，像是某些法國品牌的化妝水，其原始水源在當地常被當做礦泉理療水源，而且這樣的理療方式是被法國所認可、具有歷史背景、並被視為能輔助處理某些皮膚疾病的。這樣的療程必須先經過評估，並在接下來的 2～3 週安排不同的水療方式。

　　這些礦泉水被過濾除菌、高壓裝瓶當做噴霧使用後，其實際目的及效能就跟水療處理不同，主要是變成以清爽、舒緩及定妝為主。**至於保溼功能，單獨使用的話其效果是有限的。**這些產品在成分標示上會寫「水」或「礦泉水」及氮氣（加壓目的），在瓶身標示上也會寫出其中的礦物質、微量元素及鹽類含量。當然，誇大這部分的效果是不應該的，但說 150 毫升賣 400 元比汽油還貴，只能說世上很多地方的水都賣得比汽油貴。既然化妝水並非保養必需品，覺得太貴的話就省略這個步驟吧！

　　此外，**產品中含有 99% 的水並不能簡單說成「只是水」，因為剩下 1% 的成分也可能會有用途。**像是含有 0.1% 的高分子玻尿酸水溶液，其中雖然超過 99% 都是水，但對於加強皮膚保溼來說，已經足夠了。而這些天然礦泉水所組成的產品，因為沒有經人工調整組成，其原本泉水內含有的礦物鹽類比例本來就小於 1%，但即使是這樣，也不能說這些產品全部都「只是水」。有廠商願意花經費和時間，研究礦泉水對細胞及皮膚的影響，我個人是相當樂觀其成也相當鼓勵的，且臺灣有這麼多的礦泉資源，的確也希望有人可以做這樣的研究。

　　至於這篇報導我覺得對廠商並不公平，因為很多事實並沒有說清楚，很多細節及先前的相關研究內容也沒有告訴大家。除此之外對消費者也不公平，因為只是找幾個品牌出來批判，其他更虛幻更不值得買的化妝水根本沒有列在裡面，這樣的報導很容易造成民眾偏頗的認知與觀感。至於這些礦泉噴霧是否需要使用或是否值得使用，是可以理性討論的問題，也唯有客觀看待這問題，才有辦法了解真相。

市售含礦物質及鹽類的化妝水噴霧

產品種類	產品特性
從天然礦泉取得 （水療用）	礦泉水具有歷史背景，當做水療使用時具有輔助理療的作用。
從天然礦泉取得 （飲用）	原本是以飲用為目的，之後才被當做化妝品原料使用。
從其他水源取得 （如冰河水）	組成物視水源的種類及後續處理而定，可被當做化妝品原料使用。
從濃縮海水 處理稀釋所得 （俗稱海洋深層水）	內容物的組成可經人為調整，而且與原本海水的組成差異很大。
在純水中人工加入 礦物質鹽類	內容物的組成可經人為調整。

◆

隔離霜與日／晚霜

◆

隔離霜是什麼？

常聽到「隔離霜」這名詞，但這名詞的中文意義真的搞不太清楚。有人說隔離霜是要隔離髒空氣或彩妝，但老實說，**要隔離髒空氣或彩妝，實在不需要用到隔離霜，一般的乳液或乳霜也綽綽有餘。**有些人說隔離霜是隔離電磁波用的，但產品的實際效果及意義卻說得不清不楚，如果真有這麼厲害，早就是專利技術了。有些隔離霜可以當做防晒乳液來隔離紫外線，只是這些產品若要當做一般防晒來用，就必須塗厚並補擦，但因為這類產品常帶有潤色性，這樣一來妝效就會變差；而如果塗不夠的話，其防晒效果其實又不會太好。

　　如果只想把隔離霜當做遮瑕飾底乳來用，那也是可以，但其實專業的遮瑕霜（乳）或粉底霜（液）的妝效可能更好。現在有些隔離霜多了些保養訴求，就變身為 BB 霜（其實這名稱也不對，後面會詳述），但即使這樣，其彩妝的意義還是遠大於保養的效果。也就是說，到底隔離霜究竟要做什麼用，實在不太清楚。

　　其實隔離霜最早是當做妝前保溼霜使用，主要目的是讓皮膚保溼度提高，這樣之後會比較容易上妝，妝也可以上得比較均勻持久。但如果只是想要達到這樣的效果，使用適當的保溼乳液或乳霜就可以做到。而且以臺灣的氣候及大多數人的膚質來看，真正有這需求的人並不多。

只不過，化妝品市場有個很有趣的現象：當一種產品功能已經不如以往時，就會變身換個名稱，繼續販售。隔離霜也是。為了迎合市場需求，現在的隔離霜，其效果講好聽一點已經從原本的保溼目的變成多效合一，包括保溼、防晒、美白、抗老、潤色及遮瑕……但講難聽一點，其實就是變成四不像產品，想要通吃，卻很難面面俱到。

	目的	更適合的替代產品
隔離霜	保溼	保溼乳、保溼霜、日霜
	保養	美白霜、抗老霜等
	防晒	防晒液、防晒乳、防晒乳霜
	潤色	飾底乳、粉底乳、粉底霜
	遮瑕	遮瑕乳、遮瑕霜

日／晚霜是什麼？

日霜及晚霜也是在定位上有點模糊的產品。簡單來說，晚霜常常指的是比較滋潤且較強調保養效果的保溼霜，而日霜則是帶有防晒甚至潤色效果的保溼霜。所以這兩款產品並非是在白天或晚間一定要使用的產品，其他種類的產品都可以取代它。至於日霜跟晚霜能否交換使用，或者

能否只選一款來用，完全要看產品成分設計而定。如果產品設計只針對保溼，那只選一款來早晚使用都可以。但如果日霜中還有添加防晒成分，就比較適合白天使用。

　　現在產品種類愈來愈多，其實很多只是為了商業考量而設計，並非為了消費者的肌膚所需。一般肌膚的保養程序如下表所示，其實就可以看出來，即使不另外使用日／晚霜也不會有問題。

時間	保養方式
白天	洗臉→（保溼）→防晒→（彩妝：蜜粉、粉底或遮瑕產品）
晚間	（卸妝）→洗臉→保溼（或特殊保養：美白、抗老或修護）

＊ 括號內是可依個人實際需求而定、並非一定需要的保養程序。

名稱	目的	更適合的替代產品
日霜	保溼	保溼乳或保溼霜
	防晒	防晒乳或防晒霜
	潤色	飾底乳或粉底乳
晚霜	保溼	保溼乳或保溼霜
	美白	美白乳或美白霜
	抗老	抗老乳或抗老霜
	修護	修護乳或修護霜

◆

BB 霜

◆

BB 霜是什麼？

BB 霜是近年來在化妝品市場流行的新名稱，從第四臺的電視購物頻道紅到開架彩妝及藥妝店甚至專櫃，好像新產品只有冠上「BB」兩字才能賣。但以實質意義來說，這類產品其實沒有這麼特殊，很多說詞都只是商人炒作出來的。

「BB」的全名是 Blemish Balm，簡單說就是以前的「遮瑕膏」。而 BB 霜（BB Cream）就變成 Blemish Balm Cream，老實說這是很奇怪的名稱，因為 Balm 跟 Cream 是不一樣的劑型，Balm 是半固體的膏狀劑型，Cream 是乳液（霜）狀劑型，以目前市面上的 BB 霜產品劑型來看，大多都是乳狀，所以應該稱為 BC（Blemish Cream）才對。且就字義來說，

BC 指的是為了遮蓋瑕疵所使用的乳液（霜）產品，簡單說，BB 是遮瑕膏的話，BC 就是遮瑕乳（霜）了。只是，如果故事這麼直接了當，大家也不會對它這麼瘋狂了。

BB 霜以廠商的宣稱來看，是屬於萬能型的彩妝，具有遮瑕、修飾、潤色、防晒、控油、防水、美白、保溼及修護抗老等功效，甚至白天可以用，晚上睡前也可以用，也就是兼具彩妝及保養的效果。天啊⋯⋯這真的是太神奇了！

只可惜，**以大多數產品的成分組成來看，BB 霜主要就是有防水效果的潤色修飾乳**，粉底霜及飾底乳等產品也都有類似的成分組成。化妝品的成分設計通常有主角及配角的概念，而 BB 霜的主要目的就是遮瑕，其產品定位和目的還是以彩妝為主。為了能有效遮瑕，必須添加高分子物質及較高量的粉體及防水成分，使彩妝能達到粉體的遮蔽性，並能附著在皮膚上而不被吸收。也因此，即使宣稱添加一堆具保養效果的活性及萃取成分，實際上能被皮膚吸收而達到效果的，還是相當有限。

簡言之，BB 霜這類產品的目的，還是當做（局部）遮瑕、修飾及潤色使用。 之所以把「局部」兩字變成括號，主要是因為原本的目的就只是局部遮瑕用的遮瑕霜，現在卻被設計成類似粉底霜或飾底乳的劑型。一般說來，粉底及飾底乳霜是當做整臉遮瑕、修飾及潤色用的產品，而遮瑕品則是當做加強局部遮瑕、修飾及潤色使用。也就是說，**目前 BB 霜的定位其實介於遮瑕膏及粉底乳霜間，其遮瑕力會比一般粉底產品高一點，清爽度也會比傳統遮瑕膏好一點。**

美麗心法 小學堂

BB 霜二三事

- ◆ 並不是每個人都需要使用 BB 霜。
- ◆ 不宜稱為 BB Cream，應稱為 Blemish Cream（BC）。
- ◆ 以定位來看，它是彩妝品而非保養品。
- ◆ 並非新發明的化妝品類別，只是遮瑕產品當做遮瑕、修飾及潤色使用。
- ◆ 使用後一定要卸妝再洗臉。
- ◆ 不適合當做一般日常防晒產品來使用。
- ◆ 它的保養目的通常不是重點，效果也沒那麼神奇。
- ◆ 不建議添加太多萃取成分。
- ◆ 最好選擇不加香料及合成色素的產品。
- ◆ 最好先小範圍試用看看，以確認沒有過敏或致粉刺反應。
- ◆ 建議白天使用即可，不建議睡前使用。
- ◆ 相較於其他彩妝，這類產品對於皮膚的負擔並不會比較低。

　　至於 BB 霜的其他效果，雖然現在的 BB 霜普遍宣稱具有多種效果，但這些效果並非每一種都很有效。像有些產品會強調高係數防晒效果，但即使產品中有添加相關防晒成分並標示防晒係數，其實質的效果還是很有限。因為以產品定位來說，為了要達到裸妝的妝效，通常是不太可能用到有效的防晒所需用量（$2mg/cm^2$），因此實質防晒效果是很難達到產品宣稱程度的。

　　若想將它當做控油及保溼產品來使用，意義也不大。即使產品中所含的粉體具有吸油效果，其中含有的油脂成分也具有保溼作用，但如果只是要單純的控油或保溼，何必選擇一個需要卸妝的彩妝產品？至於產品所宣稱的保養效果，即使其中有添加保養或萃取成分，但因為遮瑕品的劑型內常會添加高分子聚合物，其小分子保養成分是難以被吸收的。更何況，其中的高濃度粉體還會吸油及吸水，因此多數的保養成分只會被吸附在粉體上，要進入皮膚發揮效果，根本是難上加難。所以這些在成分表上看得到的保養成分，常常只是為了行銷目的。即使不添加這些成分，也不會影響到產品本身的遮瑕效果。

　　也就是說，**單以學理上來說，BB 霜是可以不存在的（就跟隔離霜一樣）**。但以行銷上來說，產品種類愈多，對銷售是愈有利。原來只需要使用一、兩類產品（粉底或遮瑕產品），現在卻搞到需要使用三、四類產品（隔離霜、BB 霜、粉底霜及遮瑕霜），對製造商而言，這幾類產品的配方是類似的，成本差異也不大；對廠商而言，多一類產品就多一種可賣。但對消費者而言，多一類產品就多一點選擇上的麻煩，還要多付一點錢去買，對皮膚來說，也會多一點負擔及風險。

　　BB 霜是純然因為行銷目的所創造出來的新名詞，也是很奇怪的稱呼。它本身就是彩妝品，定位上跟粉底或遮瑕產品一樣，用法也類似。但在商業考量下，市場要主動化繁為簡真的不太可能，要做到這點，唯有靠消費者自己細心了解、用心篩選了。市場雖然是盲目的，但只要你的眼睛是雪亮的，一切的麻煩紛擾終將化險為夷、迎刃而解。

◆

精華液

◆

精華液是什麼？

這幾年化妝品的類別愈來愈多，名稱也愈來愈複雜，以前保養品除了化妝水之外主要就是乳液或乳霜，現在不但化妝水功能變多了，各式各樣的產品名稱也愈來愈多，例如高機能化妝水、滲透液、循環液、美容液、精華液、原液、精露……但這些產品到底差異有多大，是否真的有其價值，實在很難說。

像是精華液（Essence ／ Serum），這是近幾年來很常聽到的化妝品類別，但市面上的精華液並沒有固定的劑型。聽到「化妝水」大致上還

可以想像是以水劑為主的產品，但精華液則可能是水劑、油劑、膠劑、乳劑甚至霜劑，如果沒有事先試用，根本很難確定是哪種劑型、又是否符合自己的膚質需求。

此外，**精華液本身是否「精華」也是個大問題**。目前連產品的全成分表都不是每個廠商會依規定標示，產品內的活性成分及濃度，更是大部分廠商都不願意說明的細節。所以同樣是精華液，有良心一點的廠商，活性成分濃度就高一點，想偷雞摸狗的，活性成分就少一點。反正消費者大多不認識成分，更遑論深究產品細節。

精華液的價格通常都比較貴，名稱聽起來也比化妝水有質感，所以消費者常以為精華液用起來一定比較有效，但事實上未必如此。**精華液比化妝水黏稠的質地，其實只要加點膠質成分就可以達到；精華液比化妝水保溼的效果，也只要加點油脂就可以感受到；而它比化妝水滑順的觸感，同樣只要加點矽靈就可以做到。**然而，感性面的質感提升跟實質面的效果增強是兩碼子事，現在很多精華液只是打著美名，但效果實在有待商榷。

如果你對精華液的期待很高，目前來說要選擇真的很困難。如果你的期待不高，那又何必選擇效果不一定高，但價格一定貴的產品？每個廠商都競相推出精華液，但幾乎沒有人能把精華液背後的真相與標準說清楚。什麼是精華液？要加什麼成分才算精華液？活性成分要加多少濃度？名稱只要冠上精華，內容就一定精華嗎？這些都沒有答案。

站在消費者的立場來看，精華液應該是水液劑型，其他劑型的產品若能稱為精華油、精華乳或精華霜，比較不會搞混。其中添加的活性成分應要清楚標明種類、特性及濃度，才能知道買到的產品是否名符其實、物符所值。此外，產品的組成及配方要更單純安全，才能符合大家對於「精華」的期待。最好還可以有相關測試證實其效果真的比較高，否則其名稱也沒有太大意義，只是讓消費者荷包多失血而已。以目前狀況來說，消費者選擇精華液就好像到廟裡抽籤一樣，能否抽到上上籤，端看運氣及神明保佑了！

真 的 有 100% 原 液 嗎 ？

很多產品會標榜是 100% 原液，其真正意義卻很少人會去注意。而且到底有沒有這種東西，也很少人會去了解。是不是宣稱 100 % 的玻尿酸或膠原蛋白原液，其內容物就真是如此呢？

事實上，**如果真的是 100% 的玻尿酸或膠原蛋白，產品所呈現的應該是乾燥粉末，而不是液狀。**而既然是液狀，簡單說就是玻尿酸或膠原蛋白加水而成的水溶液，其中水的部分就已經佔了絕大部分比例，而且通常還會添加防腐劑及保溼劑，所以玻尿酸或膠原蛋白的濃度絕對不是100%，也就是說，**強調 100% 的玻尿酸或膠原蛋白原液其實沒有太大的意義。**

那麼，到底 100% 原液裡面有多少比例的玻尿酸或膠原蛋白呢？這問題就相當有趣了。通常廠商是不會寫出來的，即使寫出來多半也不是真的。因為其中的濃度可能只有 0.01%，也有可能是 0.1% 或是 0.5%，這中間有近幾十倍的濃度差距，且成本差異也更大，但這部分細節消費者想要知道是很困難的。

很多人問我，如果想要選擇玻尿酸水溶液當做保溼，能否推薦幾個牌子參考一下？老實說，我也很想推薦，但真的不容易。因為市場上含

玻尿酸的精華液很多,能了解細節的產品卻不多。大家都說自己是精華、自己的最好,但事實上實在很難確認,尤其**不同的分子量、純度、生產方式及濃度的玻尿酸,對皮膚的功效都是不同的。**

以效用來說,**玻尿酸(Hyaluronic acid)的分子大小會影響實際的護膚效果。**如果是百萬分子量以上的高分子玻尿酸,主要被當做吸水保溼劑,具有不錯的保溼吸水效果;如果是五萬到幾十萬的中分子玻尿酸,目前的研究指出它能跟皮膚內的受體結合,對於老化肌膚有回春效果;至於幾千到五萬間的低分子玻尿酸,則會誘發免疫發炎反應並促進血管增生,在癒合皮膚傷口的過程中有其角色。

至於玻尿酸的等級(純度)及生產方式,目前被分成食品級、化妝品級及醫療級(注射級)。以前玻尿酸是從雞冠或動物組織中萃取,成分的純淨度很重要。現在主要是藉由生物技術,利用細菌發酵的方式生成玻尿酸,或藉由化學合成方式來獲得,成本大大降低,但中間純化的過程更顯重要。如果其中出現細菌的毒素蛋白質或細胞膜,可能會誘發發炎或過敏反應。而醫療級或注射用的玻尿酸,其中的微生物數量、蛋白質雜質及細胞內的毒素標準更是最嚴格的,這部分在歐洲藥典(Ph. Eur.)或美國藥典(USP)中都有相關規定。

化妝品等級的玻尿酸標準會比較寬鬆,然而即使同樣是化妝品等級,不同的原料商所提供的玻尿酸品質也會有所不同,到底你用的是哪種等級及製程的原料,實在很難知道。

　　最後就是濃度問題。通常分子量愈大的玻尿酸，使用濃度就不需要太高，一般濃度在 0.025 ～ 0.05% 即可，如果用到 0.1 ～ 1%，其質地就相當黏稠了，濃度再高的話，也不太適合放在化妝品中了。因此市面上宣稱含 6 ～ 10% 的玻尿酸產品，其「實際」濃度真的很令人好奇。

玻尿酸成分的四個關鍵

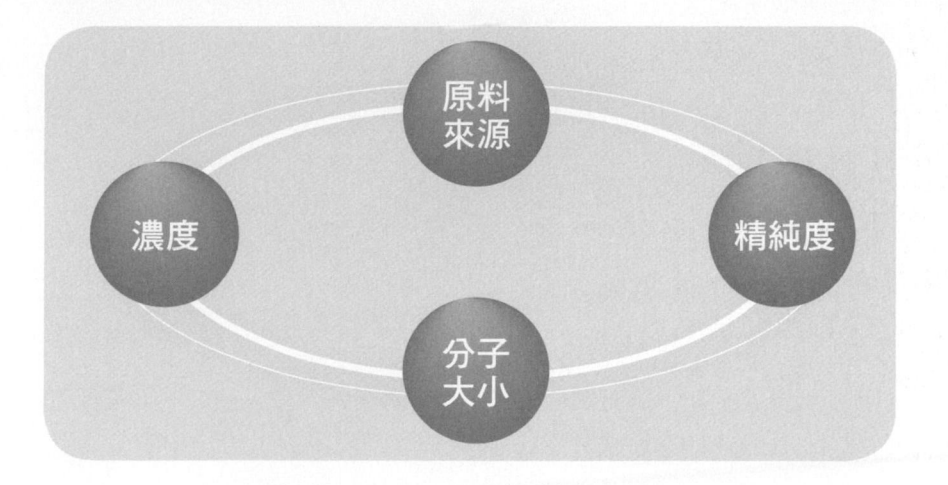

　　現在市面上的玻尿酸產品，有把這幾項關鍵訊息真實標出來的真的不多，這樣的話要如何尋找真正物超所值的產品？然而即使有標示，能解讀的人也不多。因此化妝品產業要進步，除了靠廠商努力，消費者也需要有正確的想法及知識水平才行。

卸妝油

一定要用卸妝油嗎？

化妝品常會產生旋風式的流行，但消費者常常連自己需不需要都不清楚，就已經跟隨追趕這些流行風潮。用了沒事還好，出事的話，真的不太值得，這幾年最明顯的例子之一就是卸妝油。

老實說，以前傳統的卸妝油因為使用感相當油膩不方便，實在是乏人問津的產品，但前幾年隨著水溶性卸妝油上市，加上廠商強力行銷、媒體大力推銷，幾乎讓女性消費者人手一瓶，好像在卸妝程序中沒有卸妝油就很奇怪，好像用了彩妝或防晒就一定要用它來卸除，甚至連很多平時根本沒上妝的人也都在使用。

　　有些廠商還想出一堆奇奇怪怪的理由，讓消費者以為非使用卸妝油不可，像是溶解粉刺、卸除灰塵、深層淨化……但事實並非如此。

　　卸妝油並不是新東西，簡單說它是利用油溶於油的物理特性把彩妝溶掉，以方便後續的清潔動作。**傳統不含乳化劑的卸妝油（如植物油或礦物油），可說是最溫和的卸妝產品**，但缺點就是質地較油膩，卸完妝後還需要用洗臉產品再次清潔。這幾年新型態的卸妝油已含有乳化劑，在沒有遇到水之前是油性，方便溶掉彩妝，一旦遇水之後就會自行乳化，廠商都宣稱可以直接沖水洗掉。這樣雖然比較方便，但如果乳化不徹底或不完全，反而容易造成卸妝油或乳化劑殘留在皮膚或毛孔中，造成粉刺或皮膚刺激等問題。

　　簡單來說，卸妝油的主要目的是卸妝，並非為了清除粉刺，也不是為了清除臉上因髒空氣而留下的髒汙。**卸妝油比較適合用於卸除濃妝、防水彩妝及眼唇妝，因此並非每個人都需要，要卸妝還有不少其它劑型的產品可供選擇。**此外，並非每個人都適用卸妝油，有些人可能使用後會產生多發性、突發性白頭粉刺或深層發炎性大痘痘，建議還是先索取試用品，在臉頰上小範圍試用、觀察幾天，比較安全。

　　使用卸妝油時，建議以可溶解彩妝的力道輕輕搓揉即可，不要把它當做按摩油來用力搓揉。卸完妝沖水時，要使用足夠的水量及微溫的清水，輔助卸妝油徹底乳化，沖洗後建議再用洗臉產品洗淨一次，比較不易殘留。如果是用在眼部的話，要小心不要誤入眼睛，以免造成刺激性結膜炎。

此外，**化妝品等級的礦物油其實安全性相當高，幾無致敏性及致痘性**，所以並不需要以「無添加礦物油」的訴求來選擇產品。反倒是內含植物油或合成酯的卸妝油，其安全性不一定就比較高，致粉刺性也不一定就比較低。

另外，卸妝油的主要目的就是卸妝，不需要選擇宣稱添加一堆美白或抗老成分的產品，以效果來說，其實質意義並不大，只是白花錢。

有些卸妝液、卸妝蜜、卸妝膠或卸妝慕斯，其實都是卸妝油的變形，但從產品名稱上並不一定能看出端倪，最好於購買前先參考成分表並試用看看，以確定產品的實際劑型種類適合自己。

最後要提醒大家，不要把卸妝油拿來溶解粉刺，因為這是完全不合理的。粉刺分成白頭及黑頭兩種，白頭粉刺長在毛囊內，卸妝油根本溶解不到；黑頭粉刺在毛囊上有開口，卸妝油內的油脂成分或許可以把粉刺中的部分油脂溶掉，但其中糾結的老舊角質是無法清除的，所以也不可能直接溶掉粉刺。有人在使用卸妝油搓揉後，會發現有些粉刺浮上來或掉出來，主要是因為用手按摩所致，並非是粉刺被卸妝油溶掉了。事實上，臨床上常看到這樣用卸妝油的人，反而更容易長粉刺痘痘，實在不可不慎！

卸妝產品的差異

卸妝產品主要有兩大類成分，一種是界面活性劑，一種是油性成分，下表中，不同列的產品以不同比例的這兩種成分所組成。例如，洗面乳主要以界面活性劑為主，而卸妝乳則含有界面活性劑及油性成分，卸妝霜或膏則以油性成分為主。

以界面活性劑為主	同時含有界面活性劑與油性成分		以油性成分為主
清潔性化妝水	偏水性卸妝液	偏油性卸妝液 雙層式上油下水型卸妝液	卸妝油 分成遇水不乳化型，以及遇水可乳化型兩種
潔面慕絲	卸妝乳慕絲		泡沫卸妝油（慕絲）
水性卸妝蜜（露、膠）		油性卸妝蜜（露、膠）	
洗面乳	卸妝乳		卸妝霜（膏）
潔面布（棉） 分成需加水搓揉起泡後使用，及可直接使用兩種	卸妝布（棉） 分成需加水搓揉起泡後使用，以及可直接使用兩種		

◆

去角質產品

◆

一定要去角質嗎？

　　前面有提過，皮膚的結構，簡單說可以由外而內分成表皮、真皮及皮下組織三層，而表皮層由上往下又可分成角質層、顆粒層、棘狀層及基底層四個部分。角質層是皮膚最外面的一層，主要功能是防止水分過度散失，所以對皮膚來說是很重要的，甚至可以說，就如同「皮膚健康，人生才是彩色的」一樣，**「角質層正常，皮膚才是彩色的」**。

　　大家都聽過去角質的保養程序，市面上也有很多去角質的相關產品與處理。但以皮膚生理學來看，角質層跟皮膚觸感、平滑感、亮度及透明度有關，跟皮膚的保溼度、膚色、膚質與健康也有著密切關係。所以理論上，**對於皮膚來說，應該要「護角質」，而不是「去角質」**。而且如果真的有需要去角質，也要以很謹慎的態度來看待。

　　去角質這個動作，最大的問題是，如果使用不當就很容易造成皮膚受傷敏感。原則上，不建議乾性或敏感性膚質，以及容易長痘痘、粉刺及酒糟膚質的人使用去角質產品，肌膚有過敏、紅腫、搔癢、脫皮等狀況，或皮膚表面有傷口、剛做完換膚或雷射處理的人也都不適用。皮膚狀況不穩定時，也不建議使用。

各種去角質方法比較

種類	成分或方式	優點	缺點
化學性去角質法			
酸性物質	甘醇酸 - AHA 或水楊酸 -BHA	歷史悠久使用廣泛，在醫療目的下可高濃度使用。	刺激性較大，要注意光敏性，需做好防晒。
蛋白分解酵素	如木瓜酵素或鳳梨酵素	溫和度高不刺激。	效果有限，此外因為有蛋白質成分，要擔心可能產生的過敏問題。

種類	成分或方式	優點	缺點
物理性去角質法			
磨砂法 （粗顆粒）	各種顆粒的磨砂膏，如磨碎的植物種子或果實外殼、礦物或金屬粉體微粒、聚乙烯微粒或可溶性柔珠微粒。	使用方便，市場上最常見，產品價格便宜。	常因為顆粒過於尖銳造成皮膚刺激，或因為使用過度或不當，造成皮膚敏感。
磨砂法 （細顆粒）	高嶺土、白泥或冰河泥。	產品具有吸附油脂的效果。	過度使用容易造成皮膚變乾。
摩擦法	海綿、毛巾、絲瓜絡或刷子等輔具。	使用方便，去角質速度快。	如果使用過度或不當，常會造成皮膚敏感。
美容處理	微晶磨皮（注1）或鑽石微雕（注2）。	操作方便，去角質速度快。	效果及副作用都不易確認。
光學法	雷射磨皮。	精準度高、深度可控制，處理速度快。	價格較高，需注意副作用，需經醫療判斷及專業操作。
非真實去角質法			
偽去角質法	陽離子界面活性劑及高分子膠（注3）。	視覺上能迅速產生「類角質」屑屑，容易唬人。	去角質效果有限，容易造成刺激。

注1：微晶磨皮是利用高速噴出的金屬礦物粒子磨擦皮膚，以達到去角質的效果。

注2：鑽石微雕是運用鑲有微細鑽石顆粒的微雕管，藉由來回摩擦及真空抽吸力將表皮磨除。

注3：這兩種成分處在強酸性的溶液中不會產生沉澱屑屑，但當你把產品用在皮膚上進行搓揉時，酸鹼度會慢慢升高，其中的陰電性高分子膠碰到陽電性的陽離子型界面活性劑，就會產生沉澱物。簡言之，**你看到的屑屑其實只是化學反應的沉澱物，跟去角質沒有關係。**

此外，使用磨砂產品去角質時一定要避開眼睛周圍，且搓磨的力道要輕柔，時間也不宜太久，基本上，**去角質的頻率一個月一次就夠了，**過度去角質對皮膚來說只有百害而無一利。

迷思 1：去角質後皮膚會比較滑順？

皮膚角質代謝有一定的時程，過度去角質就如同揠苗助長，容易讓皮膚受傷而造成敏感發紅等不舒服症狀。剛使用完磨砂產品或去角質後，會發現皮膚比較滑順，很像工藝品使用砂紙或研磨拋光後表面變得平整光滑。然而，皮膚本身並非木頭或金屬，而是活的組織，使用物理性方法去角質，一旦過度就很容易造成傷害，例如摩擦用力過度、使用頻率過度及顆粒過度粗糙等，都會出問題。是否要為了一時的滑順感造成皮膚長期的副作用，需要想清楚。

迷思 2：去角質可以減少痘痘？

物理性去角質並無法減少痘痘，反而常因過度摩擦而造成毛囊開口受傷而產生粉刺痘痘。**正確方法是使用適當的化學性去角質產品（如甘醇酸或水楊酸），對於調理毛囊角質代謝才比較有幫助**，但這部分因為

已經屬於特殊保養範圍，如有需要選用，建議先諮詢皮膚科醫師的意見，因為所使用的產品濃度、時間、方式與頻率都需要因人調整。

迷思 3：去角質可以除去老廢角質，促進新生？

角質層中的角質細胞本來就是老廢的，這是皮膚角質細胞生理代謝的重要過程。雖然是老廢角質，但並非無用，對皮膚來說角質層反而是很重要的。只要皮膚是健康的，每天固定清潔洗臉，就可以讓角質持續更新。只要維護好角質層本身的保溼功能，角質就會自行更替脫落。

　　也就是說，**把皮膚顧好，不需要額外去角質，角質也會自行代謝。**而且皮膚在人為去角質後是比較脆弱的，這時候雖然外用成分經由皮膚吸收會比較快，但水分散失也會大大增加，**很多人只想到去角質可以讓後續保養成分吸收快一點、多一點，卻沒想到這是犧牲角質層原本的保溼功能換來的。**

　　此外，後續的保養產品一旦沒有慎選，亂七八糟、複雜危險的成分也會更容易長驅直入到皮膚裡，因此過度或不當去角質的人，皮膚不但會變乾，還會變得敏感。

迷思 4：去角質可以改善膚色、增加亮度？

　　的確沒錯。因為角質層被你磨薄了，光線穿透也會增加，視覺上也就會感到膚色變白變亮。但這部分所犧牲的就是皮膚的防禦屏障力下降，紫外線的穿透也會變多，**如果去角質後沒有好好注意防晒保護，反而容易誘發黑斑以及色素沉澱。**

　　像是含果酸的產品，衛生單位都已經規定要注明警語：使用後可能會增加皮膚對陽光敏感及晒傷的可能性，需注意防晒、穿著保護衣物及一週內避免過度陽光曝晒等，但市售的磨砂產品卻經常沒有廠商提醒消費者該注意這些事。

◆

面膜

◆

何謂優質面膜？

　　面膜是近年來相當流行的化妝品類別，其實類似的膜狀敷料在皮膚科已經使用很久了，簡單來說，膜狀敷料主要有以下幾種目的：加強成分吸收、保護傷口、吸收滲出液、促進傷口修復以及降低感染機會……而在化妝品中使用面膜的主要目的，主要則是為了加強成分的吸收及保濕效果。

　　這類產品常以使用部位、方式及目的來分類，也可以產品劑型或載體種類來區分。

面膜的分類法

依使用部位區分

1. 臉部：整臉、Ｔ字部位與Ｕ字部位分開或只有臉頰，俗稱面膜。
2. 其他部位：眼膜（眼部周圍）、鼻膜或鼻貼（鼻子）、頸膜（頸部）、足膜（足部）等。
3. 局部使用：例如痘痘貼或淡斑膜等。

依使用方式區分

1. 剝除式、水洗式、塗敷式、敷貼式或耳掛式等。
2. 拆封後可直接使用，或拆封後還需要加水、混合或搭配才能使用。

依使用目的區分

1. 舒緩、抗敏、清潔、控油、保溼（滋潤）、去角質（控痘）、美白（淡斑）及抗老等。

依劑型或載體種類區分

1. 布膜狀，如絲、紙、不織布、特殊纖維、聚合物或膠凍等。
2. 非布膜狀，如凝露、凝膠、凝乳、乳液、乳霜、乳膏或泥膏等。

　　由於面膜本身會加速成分的吸收，因此內含成分造成過敏或敏感的**機會也會增加**，所以產品成分是否單純及溫和，並且是低刺激及低致敏，就變得很重要。比較優質的面膜，應該符合以下幾點特性：

1. 不加香料（降低過敏的可能性）。

2. 不加酒精及刺激性高的多元醇（容易造成敏感反應）。

3. 不加色素（這對皮膚並沒有幫助）。

4. PH 值以弱酸性到中性（4.5～7）配方為佳（刺激性較低）。

5. 不加過多的植萃成分及精油（會讓產品複雜度增加）。

6. 盡量不添加容易造成皮膚過敏的防腐劑種類。

7. 成分種類單純，對皮膚的安全性高。

8. 使用時服貼、舒適、方便，價格合理。

一定要用面膜嗎？

　　面膜本身是為了加強保養效果，不太需要天天使用。至於產品價格太貴是否就有價值，雖然是見仁見智，但太便宜的產品能否不偷工減料，還真有點讓人擔心。

　　面膜的材質、用料的等級、成分的濃度以及製造的過程，都是消費者很難知道的，其中的成本差異也非常大。愛「面」族喜歡使用面膜無可厚非，但水可載舟亦可覆舟，如果沒有選對產品、用對方法，則可能會「愛面」不成反「傷面」，因為加強成分的吸收對於皮膚來說不一定就是好事喔！例如，凝膠（凍）狀的面膜含水量高，但敷用時間過久就違反了皮膚生理機轉，反而造成角質層代謝異常。大家可以想像手被泡在水中一段時間後的改變，如果我們的臉也這樣做的話會有什麼變化？

如果是單片式面膜，因為水分容易散失，敷愈久面膜含水量愈低，對皮膚的保溼功用反而遞減；乳（霜）狀面膜，薄薄使用跟塗抹厚厚一層來用，對皮膚來說能吸收的量都很有限，用愈多只是愈浪費而已；泥膏狀面膜，裡面常有添加收斂劑及粉體，敷用愈久皮膚愈乾燥緊繃，也愈容易出現敏感問題

即使大家都很期待面膜裡的各式各樣活性成分能被皮膚更快吸收，但我比較在意的反而是，其中很多皮膚不需要的成分也統統被吸收了。由於現在的產品宣稱很多，其中各種添加成分也愈加愈多，除了防腐劑，再加上酒精、丙二醇、色素、精油、香料、各種萃取成分及乳化劑……這些成分長時間、高頻率的敷在臉上，難保不會對皮膚產生傷害。尤其天天敷面膜、整夜敷面膜或睡覺時敷面膜，不但不太需要也沒有什麼意義，反而只會讓風險增加，更容易造成皮膚傷害。

事實上，面膜會這麼流行，主要原因是使用後好像會有立即性的「效果感覺」，但這立即性的效果感覺其實跟產品添加的活性成分關係不大。難道說，真的只要添加美白成分就可以讓你敷完後馬上變白？真的加點抗老成分就可以讓你敷完後皺紋淡化？快速生效的感覺事實上來自其中高比例的「水」及「保溼成分」，而且這樣的效果通常來得快、去得也快。一個不變的道理是，**保養品要能夠真正達到美白、抗皺的目的，沒有幾週或幾個月的時間是很難做到的。**市面上的面膜琳琅滿目、隨處可見，但品質參差不齊、品管優劣難判的問題還是很常見，這部分真的還有很多可以努力進步的空間。

◆

睫毛化妝品

◆

為了假睫毛犧牲真睫毛？

近年來我的門診常會有許多希望讓自己睫毛變濃密、纖長、捲翹的民眾來求診，我也常在問診後發現她們大多因為不滿意自己的睫毛現狀，而會使用睫毛膏、眼線、假睫毛或進行接睫毛、燙睫毛等美容處理，後來卻發現自己原本的「真」睫毛反而愈來愈稀疏，於是才趕緊求診，希望可以回復原狀。

睫毛膏及眼線在市場上已經存在很久，也有很多愛好者，由於近年來流行持久眼妝及濃密捲翹的睫毛，於是強調高防水性、高附著性且不暈染的產品，就很受消費者青睞。但這樣的產品最大的問題就是卸除不易，因此很多消費者費工夫卸眼妝時，就會不小心把自己的真睫毛給「卸」下來。

此外，**黏貼假睫毛、接睫毛所使用的黏著劑與增長纖維，以及燙睫毛的藥水，目前都還處在法規的灰色地帶**。不但相關產品沒有嚴格把關，標示也很不清楚，甚至有些產品還是違法販售（如睫毛燙髮劑）。相關操作處理流程也相當模糊，執行人員的資格也相當混亂，消費者想要嘗試，就只能碰運氣。運氣好的話問題不大，運氣不好的話不但會傷到睫毛，有時候連靈魂之窗都會受到牽連，造成接觸性皮膚炎、眼瞼紅腫、視力模糊甚至結膜炎等問題。

一旦睫毛被自己傷害到變得稀少疏鬆，雖然目前市面上有類前列腺素處方用藥，宣稱可以增長睫毛，但還是要注意使用後可能出現的副作用，包括眼睛紅、癢、眼皮色素沉澱及虹膜色素沉積等狀況。化妝品及美容處理本來是希望可以讓消費大眾更美麗，現在卻發現很多人為了追求短暫美麗而犧牲了長期的健康，最後繞了一大圈卻回到原點。

或許追求時尚流行是現在不可或缺的社會活動，但時尚會改、流行易變，如白雲蒼狗、變化無常。不變的是，自己的睫毛與健康只能靠自己來保護。

臺灣食品藥物管理局（TFDA）為了提醒民眾避免不當使用假睫毛或假睫毛黏劑，曾舉辦過化妝品使用安全宣導記者會，會議中有提到「配戴假睫毛的使用方法及注意事項」，我也把內容列出來供大家參考。使用任何睫毛化妝品前，一定要對其使用方法有基本認識，不然長久下來只是在「霸凌」自己的睫毛而已。

配戴假睫毛的方法及注意事項

如何佩戴假睫毛？

1. 將化妝專用之「假睫毛黏著劑（膠水）」適量塗抹於假睫毛根部，切勿過量以免膠水誤入眼睛。
2. 待膠水稍為風乾後，將假睫毛黏貼在眼皮靠近真眼睫毛的位置，不宜直接貼在真睫毛上。

如何卸除假睫毛？

1. 先以化妝棉沾取卸妝油或卸妝液，覆蓋於假睫毛部位。
2. 待膠水的黏著性減弱後，輕輕將假睫毛卸除，切勿用力拉扯，以免眼皮受傷。

使用假睫毛黏著膠水之注意事項：

1. 選購標示完整之化妝專用假睫毛黏著膠水。
2. 使用前建議先做皮膚過敏性測試。
3. 眼部周圍肌膚如有傷口、發炎或過敏等情形，應避免使用。
4. 切勿直接將膠水擠在眼皮上，並避免長期或長時間配戴假睫毛。
5. 使用時如有過敏等現象，應立即將膠水卸除，並以清水洗淨，如不適情況持續，應就醫診治，切勿再繼續使用。
6. 化妝專用膠水應放置於陰涼處，避免陽光直射，以免產品變質。
7. 一定要注意清潔，以免造成眼睛感染變成「紅眼」姑娘。
8. 所使用的化妝品若發現有不良品或不良反應發生，可通報衛生署建置的「全國化妝品不良品通報系統」（http://cosmetic-recall.doh.gov.tw），或撥打通報專線（02-2358-7343）。

◆

指甲化妝品

◆

指甲油安全嗎？

　　指甲油也是不少女性平時會使用的彩妝品之一，很多人選擇這類產品的標準都以色彩及價格為主，但如果了解其相關成分後，你就會發現，**指甲油在彩妝品中是屬於安全性較低的類別**，其中含有不少極具爭議性的化學成分。但這就像高跟鞋一樣，常常穿的確很傷腳，但不穿的話很多人又會覺得怪怪的，指甲油也是。

　　真的想用的話，就選擇較大品牌及口碑較好的產品，其次就是產品成分標示要完整，最後才考量色彩效果及價格。雖然指甲油只是彩妝產品中的一小部分，但如果沒有認真選、小心用，還是可能造成大傷害，包括指甲失去光澤、變色、容易斷裂、慢性甲溝炎、接觸性皮膚炎……如果再考量到其中的有機溶劑及塑型劑的長期安全性，問題就更多了。

　　有些女性使用指甲油，是為了掩飾因灰指甲或因變形而變醜的指甲，但這種做法只是治標不治本。灰指甲或指甲變形都算是皮膚病，經過適當的治療與保養，通常都可以回復原本美麗的指甲，指甲油只能掩蓋一時、粉飾太平，一旦錯失治療良機，以後反而更難處理。

指甲油成分介紹

成分類別	成分目的	常見成分（依字母排列）
有機溶劑 （稀釋劑）	讓指甲油色澤均勻及快速乾燥。	Acetone, Amyl acetate, Butyl acetate, Ethyl acetate, Isoporpyl alcohol, Propyl acetate, Toluene
主要薄膜形成劑	形成指甲油塗抹後的薄膜成分。	Acrylate copolymer, Adipic acid ／ neopentyl glycol ／ trimellitic anhydride copolymer, Methacrylate polymer, Nitrocellulose, Vinyl polymer
次要薄膜形成劑	增加指甲油塗抹後的薄膜柔軟度、強韌度，並減低脆性。	Cellulose acetate butyrate, Phthalic alkyd resin, Polyester resin, Toluene-sulfonamide-formaldehyde, Tosylamide ／ epoxy resin, Tosylamide ／ formaldehyde resin
塑形劑	讓產品柔軟易塗抹並增加可塑性。	Acetyl tributyl citrate, Acetyl triethyl citrate, Dibutyl phthalate, Dioctyl phthalate, Trimethyl pentanyl diisobutyrate, Triphenyl phosphate
色劑及色料	讓產品有各式各樣的顏色。	Bismuth oxychloride, D&C Red No. 6, D&C Red No. 7 Barium ／ calcium lake, D&C Red No. 34 Calcium lake, FD&C Blue No. 1, FD&C Yellow No. 5 Aluminum lake, Iron oxides, Mica, Titanium dioxide
分散劑	讓色料均勻分散。	Fluoroaliphatic polymeric esters, Stearalkonium hectorite
安定劑	增加產品的安定性及穩定性。	Benzophenone-1, Benzophenone-3, Calcium fluoride, Calcium pantothenate, Citric acid, Octyl methoxycinnamate, Octyl salicylate, Teflon, Tocopheryl acetate

去光水安全嗎？

　　一旦使用指甲油，一定會用到去光水，這產品的主要目的是卸除指甲油，所以它也是一種「卸妝品」。但為什麼指甲油無法使用一般的卸妝乳或卸妝油卸除，一定要用到去光水？因為指甲油中常含有高分子聚合物（合成樹脂）及有機色料，這樣的混合物無法使用一般水性或油性卸妝品來卸除，需要使用有機溶劑才行，且由於指甲油卸除後需要快乾不殘留，所以還需要使用具揮發性的有機溶劑。

　　這類成分其實滿多的，像是甲醇、乙醇、異丙醇、丁醇、乙醚、丙酮、醋酸乙酯、醋酸丁酯及甲苯等，其中有些是被禁止使用在化妝品裡的，像是甲醇、苯及乙睛等，依化妝品衛生管理條例規定，違反者可處一年以下有期徒刑、拘役或併科新臺幣 15 萬元以下罰金；有些則有限定含量，像是甲苯，其含量就不得超過 25%，且規定要在產品上注明「避免兒童接觸」的警語，以及「僅供成人使用」。違反者，依據消費者保護法可要求業者立即下架回收，未於期限內改善者，可處以新臺幣 6 萬元以上至 150 萬元以下罰鍰。

　　綜合考量成本、快乾速度、使用方便性及溶解指甲油的速度，目前最常使用的去光水成分就是甲苯及丙酮。由於甲苯及丙酮對人體及環境的不良影響近年來常被提起，所以這幾年有些去光水廠商便宣稱不添加甲苯或丙酮，改用 γ - 丁內酯（γ-butyrolactone）來取代，但現在已有文獻發現，這成分也會讓誤食的小孩產生中毒現象。所以無論是指甲油或

去光水，一定要放在幼童接觸不到的地方，對於孕婦及哺乳中的媽媽來說，也不建議使用。此外，有些產品會添加潤膚油脂或植萃成分，宣稱可以提高對指甲的溫和保護，但如果產品中的溶劑配方沒有改變，添加這些成分對保護指甲的意義並不大。

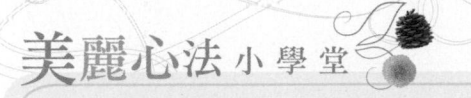

美麗心法 小學堂

無法溶解保麗龍的指甲油或去光水比較安全？

　　很多消費者以為無法溶解保麗龍的指甲油或去光水就比較安全，其實並非如此。很多人喜歡做這樣的實驗來說明產品的安全性，但保麗龍之所以會被指甲油或去光水溶解，主要是因為指甲油裡的有機溶劑所致。因此廠商如果只想要花招，降低指甲油或去光水溶解保麗龍的能力，添加其他如醇類等無法溶解保麗龍、但毒性更高的成分，例如用甲醇來取代甲苯、丙酮或醋酸乙酯等，一樣能騙過消費者，但這卻是本末倒置的作法。

　　隨著消費者及衛生環保單位對這類產品安全性的重視，指甲油及去光水在未來幾年應該還有很大的進步空間，更安全的產品應該也會慢慢出現。

以目前的資料來看，相較之下比較安全的去光水成分應該是醋酸乙酯（Ethyl acetate）、醋酸丁酯（Butyl acetate）、乳酸乙酯（Ethyl lactate）、黃豆甲酯（Methyl soyate）、乙醇（酒精）及異丙醇等。好的去光水成分及配方趨勢，有以下幾點供大家參考：

1. 特別重視成分對人體及環境的安全性。

2. 成分對環境及生物具可分解性。

3. 成分的揮發性較低，不易產生吸入氣霧的危險性。

4. 使用後較不容易造成指甲乾燥、粗糙或刺激。

5. 能試著從植物精油或合成酯中尋找新溶劑成分，即綠色溶劑的概念。

護甲五部曲

很多愛美的消費者會妝點彩繪自己的指甲，常見的做法有彩繪指甲、水晶指甲、凝膠指甲及黏貼甲片等美甲方式，ＴＦＤＡ為了保護消費者，針對這些方式提出簡單的「護甲五部曲」供各位參考。

此外，如果有黏貼水晶指甲或人工甲片時，要特別注意手指動作，不要用指甲去摳、拔、撥硬物，以免不小心的拉扯造成真指甲的斷落及傷害。此外還要盡量少讓手泡在水中，以免造成水分淤積在人工指甲與

真指甲間的黏貼面中，造成細菌或黴菌孳生，產生綠膿桿菌感染、灰指甲或甲床分離等問題。

　　無論是塗指甲油、使用去光水、進行指甲彩繪或人工指甲等，都有很多需要注意的地方。應該注意而未注意，之後造成指甲或身體的損傷，這樣曾擁有的短暫美麗就不太值得了。

護甲五部曲

標示	確認產品包裝是否完整刊載衛生署所公告的應標示項目，如成分、保存期限及警語等，且不買來歷不明及劣質產品。
清潔	注意指甲清潔並使用酒精消毒。
彩繪	彩繪指甲時不要擦到手指皮膚，以免造成過敏或刺激反應。指甲或周邊皮膚出現異樣時，要立即停用並盡早就醫診治。建議消費者不宜長時間塗擦，最好是有需要時再擦。
通風	務必在通風的環境下使用指甲油，以確保使用安全。
卸除	彩繪或配戴人工指甲的時間不宜過久。可以的話最好當日擦，然後當日或隔日就卸掉，且不要常常塗擦或更換顏色。

◆

嬰幼兒用化妝品

◆

說是嬰幼兒用就當真？

　　現在市面上有很多宣稱給嬰幼兒使用的產品，但很大的問題是，**目前還沒有什麼認證或標準能確定這些產品適合嬰幼兒使用，也沒有任何單位或機關可以為嬰幼兒產品把關**。很多宣稱只是廠商各自表述、自己說了算，甚至明明宣稱給嬰幼兒使用，其成分表卻顯示較適合大人使用。更甚者，有些產品不但成分複雜、香味濃郁、萃取物繁多還有許多添加劑，本質上相當不適合給嬰幼兒用，甚至也不建議成人使用。

嬰幼兒的皮膚保護功能是比較不完整的，所以在產品選擇上更要謹慎注意。**從學理上來看，嬰幼兒比較需要的皮膚保養就是清潔、保溼及防晒。但這並非一定得購買特定嬰幼兒產品，而要依小朋友的皮膚實際需求來選擇才對。**

像是清潔，**對初生小嬰兒來說，用清水沖洗清潔就是最簡單安全的方法；等到長大一點，活動量比較大、容易弄髒時，再使用單純溫和的沐浴產品來清潔。**香味並非產品選擇的主要依據，聞起來香香的香料或香精，對某些小朋友的皮膚來說可能只會是過敏原。此外目前有些含酵素的清潔產品，我也不太建議給小嬰兒使用，因為酵素本身是蛋白質，容易造成皮膚過敏等問題。

使用清潔產品後，一定要再用清水沖洗乾淨。雖然有些產品是倒在澡盆中浸泡使用，宣稱使用後不需再沖洗，但因為其中常含有界面活性劑及香料，洗後再沖洗乾淨較不易傷害或刺激小朋友的肌膚。

而保溼，**如果小朋友沒有異位性皮膚炎或皮膚乾燥等問題，只要在冬天氣候比較乾冷時使用保溼產品即可，夏天就不一定需要。**一般來說，如果只是輕微的皮膚乾燥、皮膚炎或尿布疹，使用單純的凡士林當做保溼保護劑就可以，不一定要特別挑選昂貴的保溼產品。

至於防晒，**建議三歲以下的小朋友使用外在物理遮蔽（如長袖衣物）防晒即可，**等三歲以上再依實際需求來使用防晒品，避免晒傷。

嬰幼兒使用化妝品最簡單的原則就是：**能不用就不要用，要用的話，就找優質的產品來用。產品選擇的最佳原則，就是安全性及單純性：**

無色素、無香料、成分單純、沒有過度使用植物萃取及精油成分、溫和度高、低致敏配方、價格合理及品牌信賴度高……針對嬰幼兒使用的化妝品，我們的確有需要以更謹慎的態度來看待，希望衛生單位也可以盡快正視這問題，更希望廠商能以更嚴格的態度來看這問題。

　　2012 年嬌生公司就宣布，在 2015 年之前，設計給嬰幼兒使用的化妝品中就不會再添加某些具有安全疑慮的化學物質，像是在產品中可能會分解、釋出微量甲醛的防腐劑 Quaternium-15 及 DMDM hydantoin 等；具有環境荷爾蒙（＊）疑慮的鄰苯二甲酸酯類（Phthalates）、較具爭議性的三氯沙（Triclosan）抗菌劑以及苯甲酸酯類（Parabens）防腐劑等。這樣的宣示有其指標意義，站在皮膚科醫師的立場也樂觀其成，希望真的能說到做到，更希望其他大廠也能一起跟進，將化妝品對人體的安全風險降到最低，這不僅是人類社會之福，更是地球環境之幸。

＊
環境荷爾蒙又稱為「內分泌干擾素」，根據美國環保署報告所下之定義，環境荷爾蒙是指「干擾負責維持生物體內恆定、生殖、發育或行為的內生荷爾蒙之外來物質，影響荷爾蒙的合成、分泌、傳輸、結合、作用及排除」。

嬰幼兒化妝品使用原則

清潔類產品	
6 個月以下嬰幼兒	6 個月以上嬰幼兒
一般情況下使用清水就好，若比較髒汙再使用單純溫和的清潔產品；盡量減少接觸酵素清潔產品。	可使用單純溫和的清潔產品。

保溼類產品	
1 歲以下嬰幼兒	1 歲以上嬰幼兒
有需要的話，可局部使用無香料且單純的凡士林或礦物油。	除了單純的凡士林或礦物油，有需要的話可選用單純溫和的保溼乳液或乳霜。

防晒類產品		
3 歲以下嬰幼兒	3 ～ 6 歲幼兒	6 歲以上幼兒
避免在烈日下曝晒，建議使用外用物理性遮蔽防晒（如衣帽遮蓋）。	避免在烈日下曝晒，適度使用物理性遮蔽防晒（如衣帽遮蓋）。有較長時間的戶外活動時，可使用成分單純的純物理性防晒產品（即以二氧化鈦及氧化鋅為成分主體的防晒產品）。	可使用一般單純、溫和的防晒產品。

◆

男士用化妝品

◆

男士用還是女生用？

　　這幾年訴求給男性使用的化妝品品牌及產品愈來愈多，連藥妝及開架通路也很常見，看好這塊市場的人也愈來愈多。很多廠商會在原有品名前多加一個「Men」字，但多個字就真的可以「Man 起來」嗎？

　　其實化妝品的成分是沒有性別導向的，主要重點還是在於膚質的需求及搭配。例如單純的玻尿酸凝露，女生可以用男生也可以用；簡單的清爽型保溼乳，只要是混合性膚質或偏油性膚質的男女也都可以用。所以我一般在解說產品時並不會強調這是男生用或女生用，因為產品的選擇及搭配重點並不在這裡。

之所以會有很多品牌另外分出男生用的產品，主要還是因為人為設計及行銷目的所致。像有些產品會添加男性偏愛的香料味道；有些產品使用後會泛白或有潤色，適合女生用；

有些產品包裝及顏色搭配原本偏陰柔風格，現在為了訴求給男生用，就換成較男性化的外觀，像是顏色偏暗冷色系、使用有稜有角的瓶裝或較具科技感的包裝等。

然而，其實只要產品原本是無色素、香料或特殊潤色，產品的包裝、設計及色系沒有明顯的感性偏好，就不太需要有男女使用上的區別。很多國際性的藥妝品牌都是走這樣的路線，不太刻意區分男女使用差異。

此外，很多宣稱給男生用的化妝品，都會強調其清潔力、去角質力、收斂性及清涼感，因為一般人直覺上認為男生的膚質多是偏油性、毛孔粗大且容易長痘痘，但事實上並非所有男生都是油到可以煎蛋的膚質。即使是這樣的膚質，過強的清潔也只會造成外油內乾。毛孔粗大也不光是使用收斂劑就能改變的，痘痘的問題更不是加強去角質或使用清涼劑就能改善。

　　男生在產品需求上真正會跟女生有點不同的，防晒品是比較明顯的例子：

男性比較喜歡的防晒品特性
1. 非潤色性（沒有膚色、粉紅色、紫色或綠色潤色性質）
2. 低泛白性（具高透明度，擦了也看不出來，許多男生擦防晒不太喜歡被別人發現）
3. 高清爽性（快乾性且具有一定的防水性）
4. 低黏膩性（多數男生喜歡水液狀防晒甚於乳狀或霜狀）
5. 不需卸妝（一般洗臉沐浴產品就可清除乾淨）
6. 無特殊香料（味）
7. 成分單純（防晒品就是把防晒做好就好，其他成分意義都不大）
8. 身體及臉部皆可使用（使用一瓶就可以全部搞定）
9. 高防晒係數（很多男生是為了在戶外運動時使用）
10. 好攜帶、方便使用（產品體積不會太大，不易被擠壓漏出，也較方便補擦）
11. 價格合理、容易購買
12. 產品外型及顏色要 MAN 一點的感覺（使用起來有別於女性使用的產品）

　　但是，有這些訴求的產品，女生想用的話可以嗎？喜歡的話當然還是可以囉！**使用產品並不是只考量男女區隔，而是要看膚質特性及實際需求。**只要掌握住化妝品成分的特性及跟膚質間的搭配度與適用性，很多矯揉做作的枝微末節就讓它隨風而去吧！

抗老化妝品

抗老化妝品真能抗老？

「抗老」這個詞其實很容易造成誤解，讓人以為用了抗老產品後皮膚就可以永保平滑、白皙、年輕、細緻、緊實及彈性。但老實說，現在的抗老化妝品大概只有碰到抗老化技術的邊緣而已，實際的抗老效果很有限。生老病死本是自然界更替循環的基本原則，萬事萬物皆如此。從有人類歷史以來，不知多少君王或名人前仆後繼地渴求長生不老、永保青春，最後還是無功而返。**即使是到了 21 世紀的現代，對人類來說，老化依舊是無法避免的過程，人從出生後就一天一天慢慢走向老化，一分一秒無法停歇，其間有一定的模式及過程，迄今無人可以例外。**

　　雖然隨著科學的進步、技術的發達，以及人類對於老化機轉的深入認識與研究，有愈來愈多方法可以減緩老化的速度、改善外觀容貌，但這些研究目前都還無法停止老化的進展，更遑論逆轉整個老化過程。即使現在已經有很多化妝品或醫學美容處理宣稱可以抗老化，但實質上來看，**很多抗老化的效果只是讓外表看起來年輕一點而已，其細胞及組織都還是在持續老化中**。因此如果我們要定義抗老化妝品，原則上並非廠商自己宣稱能逆時凍齡、去斑消痕或重回嬰兒肌即可，因為這本來就是不可能的。

　　廣義上來說，使用後能讓肌膚看起來更年輕美麗的，都可以算是抗老產品，像是防晒品、保溼品、抗痘品甚至清潔或彩妝品等都可以算是。但一般市場上的抗老產品，通常指的是產品中含有某些抗老成分，宣稱對肌膚有抗皺淡紋、美白淡斑、促進修復再生、增加皮膚彈性及厚度，同時加強及增進細胞原有功能的效果。然而，宣稱有效跟實際有效是有很大差距的。

　　經實證醫學審視後，發現很多宣稱有抗老效果的成分，不是沒有經過嚴謹的臨床測試，就是所做的測試沒有符合嚴格的對照比較，其真實性及可靠性都不夠。所以**目前很多市面上販售、炒得火熱的抗老成分及產品，其效果都還沒有經過醫學確認。而且這些產品價格都相當高，很多消費者花大錢只是擦心安的**，甚至有些產品只是利用民眾對於抗老的期待與渴望，以及對於抗老科學的不了解來牟利罷了。

目前像維他命 A 及其衍生物、維他命 C 及其衍生物、維他命 B3、維他命 B5、維他命 E、凱因庭（Kinetin）、抗氧化劑（如維他命 E、多酚、輔酶 Q10 及異黃酮）以及 α 羥基酸（果酸）與水楊酸等，**都是有較多資料佐證其延緩老化效果及作用的成分**。但除了成分的類別、濃度及效能，還要考量到產品的劑型、附屬成分的搭配及裝存方式，且最後成品還要經過具實證性的臨床測試，確定其效果有統計差異才算完整。但市場上有經過這樣嚴謹研發過程的抗老化妝品真的不多。

老實說，許多廠商有時並不是要故意欺騙大眾，而是目前的法規並沒有對抗老化妝品有任何規範與定義。如果化妝品真的具有「有效的」抗老效果，無論是減緩肌膚細胞老化過程或減輕肌膚臨床老化的徵兆，進而淡斑抗紋，其實都已經或多或少影響或改變了皮膚的基本結構及功能。而嚴格來說，這樣的化妝品已經不符合現今化妝品在法規上的定義，應該屬於功能性化妝品的概念。

瞬效抗老的視覺抗老手法

瞬效抗老訴求	手法或相關成分
膚色變白	違法添加雙氧水、對苯二酚或汞化合物 短時間提高角質層含水量 使用面膜、溼敷或厚敷以暫時產生錯覺 添加白色修飾粉體 去角質
斑點淡化	使用遮瑕修飾粉體
黑眼圈消失	使用互補色修飾粉體或色料
零毛孔	使用高分子矽靈或聚合物加上修飾粉體
讓皮膚緊致拉提	添加高分子膠質、醣類或蛋白質成分
淡化皺紋	使用高分子吸水聚合物加上修飾粉體
讓臉型改變	搭配按摩手技
讓膚質觸感變好	使用高分子矽靈成分

　　可惜的是，目前全世界對於如何定義或規範抗老產品，都還沒有一致的共識或做法。即使現在抗老化妝品市場這麼火熱、產品這麼多樣，但消費者真的要以實質效能來選擇，還是很不容易的。也因為這樣，市場才出現很多宣稱能瞬效抗老但實質上只是視覺抗老的產品，有些甚至對皮膚有風險。許多消費者明知瞬效抗老不可能，但瞬間改變的宣稱帶給大家的魔幻力量還是很強，最後能否以理性及定力來抵擋誘惑、破解迷思，就要靠大家的智慧了。

是抗老還是促老？

　　追求肌膚抗老防衰是未來的重要課題與趨勢，但要如何做到、做好，卻有很多學問隱含在內。而首先最重要的是要有正確的觀念，因為**抗老保養能否成功，重點在於你想不想做，以及能不能從生活中由內而外做起**——提早做好抗老準備，持續做好抗老保健，並以正確的階段性方法來抗老。

　　由於抗老市場很新潮、商機很大，坊間早已充斥許多稀奇古怪、科幻神奇、匪夷所思且價格昂貴的抗老治療廣告及毫無學理根據的抗老處理，而且這些不正確的抗老方法，一旦結合商業行為再加上媒體的推波助瀾，很多真相事實就不見了。

此外，現在抗老沙龍及診所林立，很多人都自稱是抗老化專家，但到底執行者是否有專業醫療背景，到底做的是什麼療程，這些處理長期下來是否安全、是否經得起醫學檢驗，應該是非常需要考量的問題。要把抗老市場導入正軌，不但要靠政府相關衛生單位的努力，醫療人員的專業與良知，以及消費大眾的態度及想法更是關鍵。

尤其抗老的學問原本是相當科學的，不是巫術也不是魔術更不是祕技，是可以被公開實驗與驗證的專業醫術，消費者真的要多點謹慎科學的態度來看待這些抗老治療處理，才不會到頭來賠了夫人又折兵，不但沒有「抗老」反而還「促老」。

世界上還沒有人可以逃避老化的過程，也沒有人可以躲過老化的威脅；不過換個角度想，其實老化並不可怕也不恐怖，這是天地萬物必經的過程，也是宇宙自然循環的法則，唯有如此生命才能正常代謝更迭、生生不息。抗老的目的就是希望自己可以更美，外在美固然很重要，但心靈的內在美更要相對提升，才能相輔相成。沒有了內在美，外在美只是一個空盒子，僅是曇花一現、難以長久。**如何可以老得健康、老得美麗，如何將老化轉而變成人生的歷練與智慧，並且由內而外身心靈同時延緩老化，才是「抗老」的最高境界。**

Aging is a natural part of life.

Even we can not avoid it,

we don't have to hate it.

Although we could hardly love it,

we'd better accept and transform it into

beautiful and successful aging.

老化是自然法則，雖然我們無法避免但也無需憎恨。

即使不太可能喜愛它，若我們能接受並將其昇華，

美麗與成功的老化將煥然而生。

◆

無添加化妝品

◆

無添加就比較好嗎？

　　自從日本無添加化妝品流行後，現在很多產品也喜歡宣稱自己這個不加、那個不用。但宣稱沒有添加什麼的就是好產品嗎？市面上一堆產品宣稱 No ○○、Non ○○或○○ free，其實際意義是什麼呢？以下就舉幾個例子給大家參考：

1. 無致痘性或致粉刺性（Non-acnegenic 或 Non-comedogenic）

　　無致痘性或致粉刺性的宣稱意義並不大，因為目前並沒有嚴格的認證方式可以確認這件事。此外，光看成分表也無法確認產品是否會致痘或致粉刺，網路上很喜歡列出容易致粉刺的相關成分提醒大家注意，但**產品是否會致粉刺跟有無含有這些成分並不一定有關，因為添加濃度、配方搭配及使用方式與膚質特性，都會影響產品的致粉刺性或致痘性。**最簡單的確認方式還是自行局部測試才能知道。

　　也就是說，產品中即使有致粉刺性成分，也不一定對你就有致粉刺性；產品中即使沒有致粉刺性成分或有如此宣稱標示，也不一定對你就沒有致粉刺性。

2. 不油膩（Non-oily 或 Non-greasy）

　　這只是產品使用感的宣稱，同樣沒有一定的認證標準。這類產品會添加比較多的水性成分，或是本身比較偏水液狀、膠凍狀、凝露或乳液狀劑型，也可能是添加清爽性矽靈或合成油脂所組成的霜狀產品。除了使用感的差異，**產品的油膩與否跟是否會致粉刺或致痘也沒有絕對關係。**

3. 無油（Oil-free）

　　這類宣稱並不表示產品中就沒有添加油性成分，常常只表示其中沒有添加動物、植物或礦物性油脂臘，至於合成性油脂（主要是合成酯）或矽靈則不包含在宣稱裡。所以宣稱無油的產品中還是可能看到油性成分的蹤跡，此外，**無油的宣稱通常表示產品觸感比較清爽而不油膩，跟產品是否會致粉刺或致痘也沒有關係。**

4. 無添加對羥基苯甲酸酯類防腐劑（No paraben）

　　這是最近常聽到的宣稱之一，但其實質意義目前還有待確認。在情感上，當然消費者都不希望產品內添加防腐劑，但其他種類的防腐劑安全性不一定就比 Paraben 高，所以即使產品宣稱不添加 Paraben，也不表示就一定安全優質，還要參酌整體成分配方設計才有辦法確定。

5．無添加防腐劑（No preservative）

對消費者來說，這是相當誘人的宣稱，但就實務面來說，如果廠商願意花大錢從原料選擇、製程、包材及儲存運送都盡量朝著低菌或無菌的目標設計，理論上是可以降低防腐劑的使用，但如此一來產品的成本會大大提高，保存期限也會縮短。

所以，如何研發或尋找更新更安全的防腐劑或防腐方式，讓產品可以兼顧保存的方便性、安全性以及成本，應該才是問題的重點。**目前很多無防腐劑宣稱的產品並非沒有添加防腐劑，而是改用植物萃取、精油、多元醇、乳化劑或有機酸（及其鹽類）來抗菌**，因為只要產品需要長期存放、拆封後不能在短期間用完的話，都是需要添加防腐成分的。

6．無羊毛脂（No lanolin）

這宣稱目前對於皮膚容易過敏或本身有溼疹狀況的民眾較需要注意。但以最新的訊息來看，**只要經過精純過的羊毛脂，如 Modified lanolin（USP），其安全性及護膚性都很高，而且致敏性很低。**現在市面上已經有白色、無味、呈柔軟半固態的醫療級羊毛脂，也就是俗稱的「羊脂膏」。因此如果產品所使用的原料等級可以提高，產品中含不含羊毛脂的宣稱意義也就不大了。

7. 無礦物油或凡士林（No mineral oil or paraffin）

目前這樣的宣稱意義同樣不大，因為**化妝品等級的礦物油及凡士林，其安全性是相當高的。**像是市面上的嬰兒油主體就是精純過的礦物油，這些成分對皮膚來說並沒有特殊的致粉刺性也沒有刺激性，只要適時適當正確使用，其實都是很好用的。而且事實上，現在很多化妝品的主要成分都有添加礦物油或凡士林。

以前很多針對這類成分的謠言及副作用，指的都是未精純的工業性礦物油或凡士林，現在只要是有良心的廠商應該都不會使用這樣的原料。此外，無酒精（No alcohol）或無丙二醇（No propylene glycol）的宣稱意義也應視情形而定，因為成分的副作用發生率跟添加的濃度及使用者的膚質有關，並不是成分中只要有添加酒精或丙二醇就一定不好，也不是沒有添加就一定好。

8. 無滑石粉（Talc-free）

這樣的宣稱對爽身粉產品較有意義，因為傳統的爽身粉幾乎主要原料就是滑石粉，但近年來由於擔心滑石粉塵會被呼吸道吸入產生相關問題，甚至有報告提出長期在私密處使用滑石粉可能跟卵巢癌的發生有關，

所以有愈來愈多的爽身（舒爽）粉已經使用乾燥澱粉來取代滑石粉了。目前有些彩妝品牌也會有類似的宣稱，但對成人來說，彩妝品中的粉末被吸入的機會較低，相較之下危險性也比較小。

9. 無添加SLS（十二烷基硫酸鈉或月桂醇硫酸酯鈉）（SLS-free）

SLS（Sodium lauryl sulfate）是一種刺激性比較大的陰離子性界面活性劑，主要是當做清潔、乳化及起泡劑使用，使用濃度高的話對皮膚會產生刺激性。由於目前可供選擇的界面活性劑種類愈來愈多，產品成分的組成也朝著高溫和度及安全性的方向進行，所以，以後 SLS 在化妝品

中的角色應該會愈來愈低。**然而以目前的現實面來看，不含 SLS 並不表示產品就一定比較溫和，還是要看產品中界面活性劑的種類、組成及濃度才會比較準確。**

10. 無香料（No fragrance 或 Perfume-free）

香料在化妝保養品中對皮膚的實質效果是屬於附屬性角色，尤其臨床上已發現，許多人對化妝品過敏的最大原因之一就是香料成分，而添加香料後，為了維持香味持久所使用的定香劑又可能屬於環境荷爾蒙，所以目前歐盟對於香料添加的種類、濃度及標示的管制也愈來愈嚴格。

就皮膚安全性來說，不加香料是可行的，但這樣做還需要考量能否符合產品原有的印象及消費者的使用習慣。市面上有些宣稱無香料的產品其實只是不加「合成香料」，但還是有添加萃取成分或精油等產生香味，這樣的產品嚴格來說並不完全符合無香料的宣稱。此外，**無香（No scent）跟無香料（No fragrance）是不同的**，前者可以添加些許香料掩蓋成分原本的味道，使其聞起來無香無臭，後者則嚴格來說是不能添加任何香料及香精成分的。

11. 無色素（No artificial pigment or colorant）

這樣的宣稱對於皮膚來說是很好的，因為除非是為了彩妝及遮瑕目的，色素對於皮膚的意義並不大。此外，現在的彩妝品也有減少添加化學色素的趨勢，所以市面上只添加物理性色素的「礦物性彩妝」產品也愈來愈常見。雖然礦物性原料中的重金屬殘留量控管也很重要，但只要消費者對化妝品的安全性要求愈來愈高，以後很多化妝品的成分設計也都會跟以前截然不同。

12. 不做動物測試（No animal testing）

這樣的宣稱目前來說已經算是各大化妝品廠商努力的目標，有愈來愈多的國家也已經訂下時間表，一步步減少及禁止相關的動物測試，我個人是相當樂觀其成的，且這也是化妝品廠商在企業的社會責任方面該有的表現。至於有些品牌會宣稱不添加非植物性成分（Non-vegan ingredients free），我想無論是使用動物、植物或礦物性成分，都要考量到生態的永續性及環保性，並不是為產品冠上「天然」、「有機」或「植物」等訴求就一定比較優良，「樂活」的概念也並不只侷限於人類，而是需要涵蓋整個環境的。

13. 天然「植物染」或無添加對苯二胺（No PPD）

由於不少人對合成化學性染髮劑的安全有疑慮，市面上便開始流行植物性染髮劑。但目前植物性染髮劑最大的兩個問題就是染色種類少及持久性較差，例如指甲花只能染出橘紅髮色、靛青葉子或咖啡及茶葉只能染出藍黑色及褐棕色等，其色彩選擇性比合成染髮劑少很多。

近來還發現，市面上有些自稱植物染的產品，宣稱其顏色很多樣、效果很持久，經查其中有很多都偷偷添加合成染劑而沒有說明，不但故意規避衛生署含藥化妝品許可證字號的查驗登記，也沒有把完整的使用注意事項說明清楚，讓使用者誤以為很安全而忽略其中隱含的風險。

至於 PPD（p-Phenylenediamine）對皮膚最大的風險，就是造成過敏性接觸性皮膚炎，但這部分如果可以在染髮前兩天就先作皮膚貼布測試，確定可能的過敏性，即可大大降低頭皮過敏的副作用。何況，即使產品改加其他類似結構的化學染劑取代 PPD，也可能造成皮膚過敏。而且 PPD 主要是用在偏黑色的染劑中，要染成其他顏色的話就不一定需要這成分，所以染髮劑中是否含有 PPD，跟產品的安全性未必有絕對相關性。

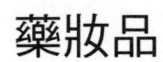

藥妝品

為何藥妝品會興起？

隨著時代的進步及科技的發展，揭開了生技時代的序幕，不但皮膚生理研究及分子生物學突飛猛進，相關的生化成分及化工製程的進步，更讓化妝保養品提升到另一個前所未有的層級。20 多年前，美國賓州大學皮膚科的 Kligman 教授提出藥妝品（Cosmeceutical）的新概念，結合化妝品（Cosmetic）及藥品（Pharmaceutical）二字，其意義就是指具有藥性的化妝品，但在當時並沒有獲得大家的共識。

近十年來，隨著整體化妝品產業的升級及社會大眾對於化妝保養品的高度期待，加上果酸類、維他命 C 及各種抗氧化成分產品風行全球，藥妝品反而成為現在化妝保養品界當紅的新概念。在國外，結合化妝品學、皮膚科學及藥理學所形成的「藥妝品皮膚科學」也成為最近皮膚科學裡的新興學科，愈來愈受重視，也有愈來愈多專業人士投入這領域。

只不過，藥妝品最早的觀念跟現在的想法差異是很大的。最早的藥妝品觀念比較屬於醫療上的使用目的，一般民眾不能自行購買相關產品，必須經過皮膚科醫師的診治及追蹤才能使用，而且這些產品不屬於一般化妝品通路，跟現在完全不同。

就如同在過去，高濃度的果酸是拿來治療魚鱗癬、高濃度的水楊酸是拿來治療粉刺痘痘等，這些產品其實原本是被當做醫療上的處置來使用，並非一般化妝品，所以可以看出其原本藥妝品的觀念是較從功能效果層面來考量。而隨著近年來藥妝品的興起，也填滿了在化妝品及藥品間一大塊模糊不清的區塊。

簡單說，**藥妝品就是介於化妝品與藥品中間概念的產品**。在日本，像是「Quasi-drug」這個詞，就是厚生省所認定、對於改善某些肌膚問題有用、有效但低副作用的「藥用」醫藥部外品，這有點類似藥妝品的初始概念；在韓國，衛生法規上的功能性化妝品也有類似的概念。

而在臺灣，目前化妝品管理分為兩類，一是含有醫療及毒劇藥品的化妝品，簡稱為「含藥化妝品」，其內含的特殊成分在「化妝品含有醫療或毒劇藥品基準」中有相關規定；另一則是未含有醫療及毒劇藥品的

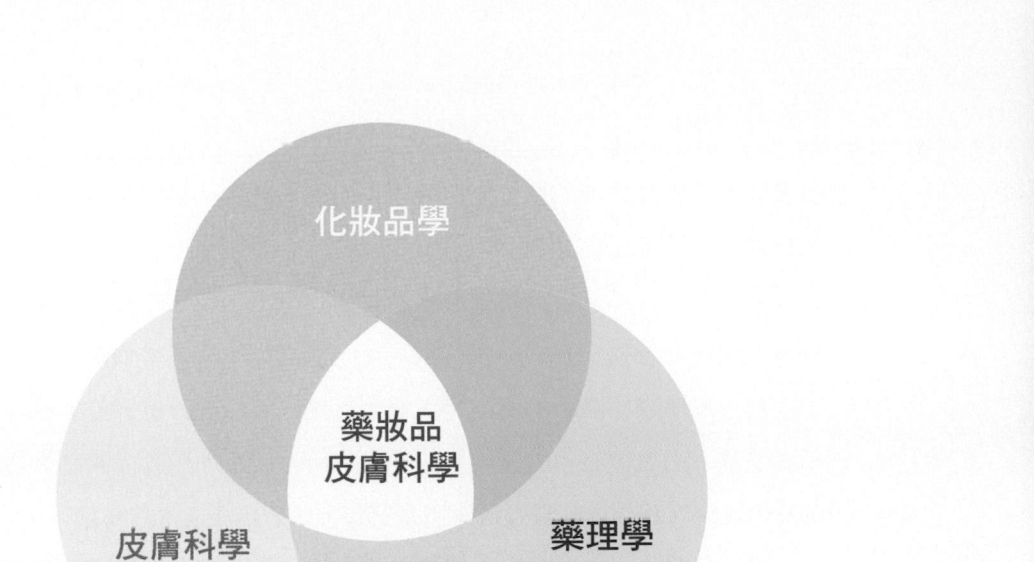

化妝品，簡稱為「一般化妝品」。整體而言，**含藥化妝品較著眼於控管成分的安全濃度，跟藥妝品較注重產品功能特性的概念還是有點不同。**

　　近年來藥妝品概念的興起，主要原因在於傳統化妝保養品被認為對於肌膚構造及功能沒有顯著影響。然而隨著後續皮膚生理科學的研究發現，**任何塗抹在皮膚上的物質，都可能會對皮膚功能及結構產生影響，只是程度大小及時間早晚而已。**像是大家最熟悉的「水」，短時間接觸皮膚雖然不會造成皮膚變化，也幾乎不會對皮膚造成傷害，但如果長時間反覆接觸或浸泡在水裡，就有可能引起皮膚發炎而產生刺激性接觸性皮膚炎或富貴手；又像是「凡士林」，看起來只是會在表皮上形成鎖水

保護膜，但根據目前的研究，已發現外用凡士林會滲透到角質層間隙，對皮膚產生保護及修復的效果。

再加上，近年來化妝品製程日新月異，奈米化科技的普遍，微脂粒科技的使用及各種加強成分吸收的方法，如面膜、導入增強劑、離子導入、超音波導入或最新的電孔導入等，都讓化妝品成分愈來愈容易深入皮膚底層，最後被吸收的量也愈來愈多，所以現在的化妝保養品要產生特殊的臨床理療效果其實已經不再是夢想，而是無法忽視的事實。

換句話說，以前藥品與化妝品的分際是用是否會造成皮膚生理或結構的改變來區分，但這樣的原則近年來已備受挑戰，因為經由基礎皮膚科學的發現，世界上沒有什麼東西用在皮膚上是絕對不會改變生理功能或結構的。加上消費者根本不會想購買「無效」的化妝品，而在皮膚科學的研究及化妝品科技的進步之下，現在某些藥妝品的效果的確已可以達到「輔助治療（Adjunctive therapy）」的目的。因此可以大膽預測，未來傳統彩妝品或保養品會愈來愈少。

將來，化妝品及藥品間的關係會愈來愈密切，甚至在皮膚問題的處理上需要彼此合作才能互蒙其利。像是處理痘痘，在藥品面可以使用抗生素藥膏；在保養品面則可使用含水楊酸或果酸產品；在彩妝品面則可使用吸油蜜粉來控油或使用綠色遮瑕乳來修飾紅色痘疤，如此才能給予全方位的肌膚照護療程。

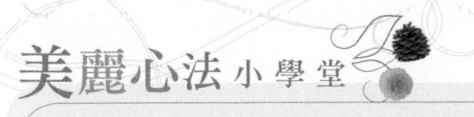

Dr. ○○ 的產品就是藥妝品？

　　市面上有一堆 Dr. ○○ 的產品宣稱自己是藥妝品，這樣的風潮其實幾年前在美國就已經有了，之後漸漸傳到歐洲、日本及臺灣。現在隨便在網路上搜尋一下，至少就有幾十個以 Dr. ○○ 為名的品牌。其實，並不是在醫院診所賣的化妝品就是藥妝品，也不是在宣稱的醫美或藥妝通路賣的化妝品就是藥妝品，更不是在產品名中冠上 Dr. ○○、或只要穿上白袍的人拿的或賣的產品就是藥妝。

　　這些看似專業醫師品牌的保養品，最大的問題還是在於商業性太強。雖然很多產品都宣稱自己是藥妝品或只在專業通路販賣，但大部分品牌其出發點還是以產品利潤及銷售為重心。有的產品很貴但不知道貴在哪裡；有的產品成分很複雜、附屬成分太多；有的產品活性成分濃度很低或標示不詳盡；有的產品在百貨公司賣、有的在藥妝通路或醫院診所賣，有的還在網路或第四臺賣，打著「藥妝品」的名號，但早已失去了藥妝品的內涵。很多醫師也只是把產品當做商品，早已失去醫師原本該有的堅持及社會責任，且其專業度及客觀度還剩下多少也是問題。

　　市面上這麼多的 Dr. ○○ 化妝品品牌，很少看到哪個品牌在官網上能把成分真相講清楚的，也沒有看到把資源用在化妝品衛教的。更糟的是，很多實際效果或安全性未經確認的生技成分，也藉由 Dr. ○○ 品牌的漂白，被放在化妝保養品中。

嚴肅一點來看，現在這麼多 Dr. ○○ 的品牌，有些只是利用消費者對於醫師的好感及信任度，來創造自己的利益及擴展商業版圖罷了。但這樣的做法實在太狹隘了，對消費者教育來說也毫無幫助，當醫師品牌的剩餘價值被用完後，到底還剩下什麼？更是值得思考的一件事。

真正的藥妝品應該是什麼？

其實「藥妝品」指的是一種觀念，而不是只侷限於特定品牌、產品或通路，我心目中理想的藥妝品應該要符合以下標準：

1. 一種從價值導向，研發優質產品以符合皮膚實際需求的設計理念。

2. 以使用者的肌膚安全性為核心考量，並且能將實質效益極大化。

3. 融合人性、理性與感性，以臨床皮膚輔助治療品為概念的產品。

4. 其公司與品牌會顧及相關企業利害關係人責任，以追求人類、社會與環境永續發展、互利共榮為目標。

我相信這樣的觀念在不久的將來，應該會成為化妝品產業的普世價值。就像以前，化妝品一定要有香味或顏色，才會有明顯的感性訴求；一定要多加幾種萃取成分，在宣傳時才會比較容易；塗抹起來要滑柔細緻，所以一定要添加多種乳化成分或矽靈；要找藝人或名人代言，因為消費者很難了解產品內涵，所以用這種方式來行銷最快；價格也一定要高貴、包裝一定要華麗，消費者才會覺得有質感。

然而近年來，很多觀念已經慢慢在改變，像是單純安全的訴求、極簡設計的風格、有機天然成分的興起、自然素材的應用、企業社會責任的重視（如環保及永續經營）、與學界及醫藥界的合作創新及研發、慢活與樂活概念的萌芽，以及重視低敏、低刺激、低防腐劑、無色素、無香料的想法……由此可見，無論是廠商或消費者，對於化妝品的核心觀念與價值已經慢慢在改變。

時代在變、人在變、觀念也會變，尤其在這瞬息萬變、競爭激烈的化妝品產業，更需要掌握先機脈動才行。藥妝品就是個明顯的例子，可預見在不久的未來，化妝品產業將會產生明顯的質變。因為化妝品不只是一個名稱或產品，它代表著一種態度及生活哲學，更代表著一種意境與人生道理。希望大家從今開始可以看得更遠、想得更廣、了解得更深刻、體悟得更透徹，多認識了解化妝保養品真相，健康幸福的美肌夢想才有可能成真。

CHAPTER|4

皮膚科醫師嚴選

5大類基本保養藥妝品購買指南

　　肌膚保養可以分成基本保養及進階保養兩大部分。一般說來，清潔、保溼及防晒屬於基本保養；美白、淡斑、抗痘、抗老、控油及彩妝則屬於進階保養。就基本保養而言，無論男女老少都應該注意，且都可以做到也可以做好，通常不太需要額外的醫療建議，只要依自己的肌膚特性及需求來選擇產品即可，而且即使在有限的預算範圍內也找得到優質產品。這部分的產品選擇，會在後面進一步介紹。

　　至於進階保養，就需要先對產品成分有更進一步的認識與了解，才能在琳琅滿目的產品中挑選到名實相符的東西。尤其很多產品的實際效果跟宣稱效果差距很大，以目前的化妝品管理法規來看，這部分還有很大的模糊空間，相關定義及說明也還有待釐清。雖然說，未來功能性化妝品或特殊目的用途的化妝品概念應該會漸漸興起，但以目前現實面來看，要在這些類別中找到合宜且超值的產品，困難度還是很高的，因此本書就先不針對這部分產品做介紹。

　　我平常比較常接觸藥妝通路的產品，因此先從藥妝品中挑選幾款適合基本保養的產品供大家參考。我從以前到現在出過的書都沒有廣告頁，也不想要產品的商業性置入行銷。這次是希望能以更積極的方式，發揮更大的影響力，介紹下面這些值得信賴的產品，並請產品廠商以購書方式進行回饋，將這些購得的書捐給全臺灣的公私立圖書館當做館藏書，使消費者可以更容易獲得基本保養的相關知識。這些額外的版稅，我也會把它應用在化妝品教育活動上，希望藉由這樣的合作把彼此串聯在一起，發揮更大的企業社會責任綜效。

　　這是我第一次嘗試這樣的方式，在市場上應該也是相當新的做法。在化妝品市場上，消費者始終是很弱勢的，而且廠商跟消費者的連結常常僅止於商業行為，但這樣的狀況正逐漸改變中。有些消費者對於誇大不實的廣告宣稱已經開始懷疑、對於一堆俊男美女的代言照片已經心生厭煩、對於梳妝臺前一堆瓶瓶罐罐已經很難以忍受、對於三不五時就發生的黑心商品及成分安全事件也很難繼續冷眼旁觀。要解決這些問題都要從教育開始，即使以前的化妝品產業始終不願把產品真相告訴消費者，一再的掩飾、美化，到最後終究還是要面對現實。

綜觀目前化妝品廠商執行企業社會責任的方式，其中有一點常被忽略的，就是「**消費者教育活動**」。由於從小到大，消費者幾乎對化妝品及肌膚保養都沒有正確認知，一旦要開始使用產品，也就無法以正確的原則與方式來選擇對肌膚有價值的產品。常常亂聽、亂買、亂試及亂丟，不但讓自己的肌膚承擔難以預料的風險，也造成地球資源莫大的浪費。因此，如何導正消費者觀念、降低消費者資訊不對稱的風險，以及如何讓消費者認清化妝品廣告宣傳的合理性與真實性，都是廠商可以更加努力的地方。也唯有如此，化妝品產業才有持續升級的空間，也才不會造成劣幣驅逐良幣的問題。

化妝品產業中的利害關係人主要有三大部分：政府管理單位、廠商以及消費者，這三方原本應該相互合作，現在卻發生了很多矛盾。為了減少彼此間的歧見與衝突，強化「互補者」或「中間介面者」所扮演的角色也是一種可行的方法。所謂的互補中介者，主要就是皮膚科醫師、藥師與消保團體等專業人員。由於互補中介者的角色位處這三大利害關係人之間，與三者關係都非常密切。**專業的互補中介者不但可以發揮本身所長，提供廠商、消費者、官方與學界相關的建議及合作，還可以拉近彼此間的關係，提升化妝品產業。**

我個人覺得，皮膚科醫師尤其需要擔負這種重責大任。皮膚科醫師可以幫民眾把關、篩選優質化妝品，可以善用化妝保養品當做臨床輔助治療，也可以發揮己長衛教民眾，改變整個化妝品市場扭曲的現狀。這些理應都是皮膚科醫師的責任，也是該積極面對的變局。

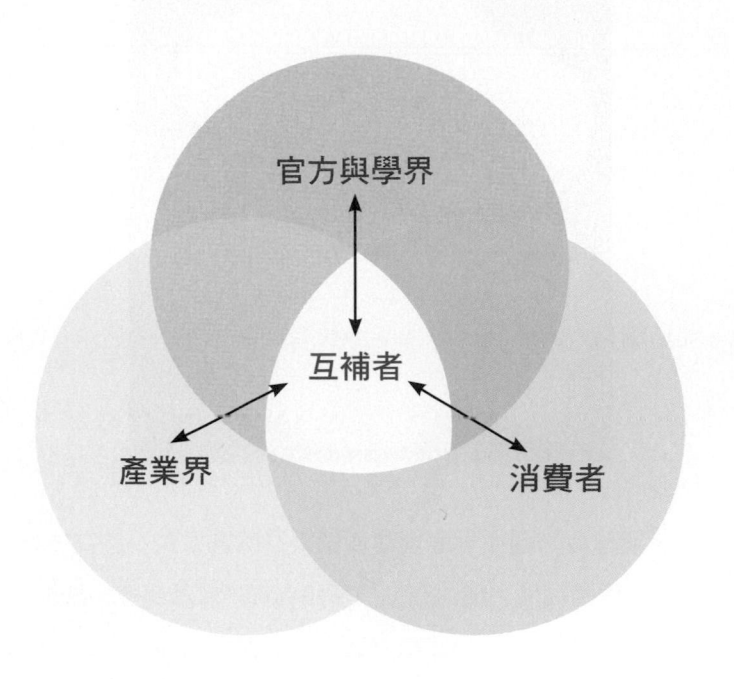

　　這次希望能藉由這本書，把我十年來所領略的肌膚保養基本觀念，跟大家做完整介紹與說明，讓每個人都可以用很簡單的方式，從基本面一步步認識皮膚，做好保養。輕鬆做好肌膚保養並不難，只要大家有心想學、有心想做，一定可以成功。俗話說「行百里者半九十」，如果大家都可以把書上所提到的概念融會貫通，運用在自己的日常保養上，就已經可以達到 90 分了。而最後的 10 分，就要靠大家自己心領神會、融會貫通，你將會發現原來肌膚保養是開啟人生智慧寶盒的一把金鑰，「思天地之大美，悟肌膚之真美」，乃是人生一大樂事。

　　下面這些產品的選擇，是以基本保養為篩選原則，且需要符合由藥妝通路經銷、國際品牌、進口產品、價格合理、有特殊性、無複方香精、無色素，以及我自己使用過或開立經驗為標準。共選出 11 個品牌的 32 款產品，礙於篇幅關係，難免有遺珠之憾，請大家多多包涵見諒。

　　文章說明的部分會提及這些產品的特點及適用方向，此外，產品全成分表也會附在文後供大家參考。如果你在閱讀後可以掌握並了解其中的重點，以後無論是選擇進階保養品或其他通路的化妝品，都可以更有定見。面對市場上一堆混亂無章的訊息，你也會更有能力分辨真偽。能在茫茫化妝保養品中不隨波逐流、盲從流行，用智慧找尋適合自己肌膚的知己，是一件深具挑戰且很有成就感的事。只要大家有心學思觀悟，定能日起有功，肌膚健康與美麗也將指日可待。

建議產品總表

清潔類產品（由清爽到滋潤排序）

卸妝類

貝德瑪舒妍高效潔膚液
BIODERMA Sensibio H2O Micelle Solution

蒙娜麗莎舒敏清潔凝露
Synchroline Synchrorose Remover

歐德瑪全效微膠深層潔膚乳
Noreva Lotion Universelle

洗臉沐浴類

艾芙美燕麥新葉異膚佳沐浴凝膠
A-DERMA Exomega Emollient Foaming Gel

薇霓肌本潔膚露
Vanicream Free & Clear Liquid Cleanser

慕之恬廊舒恬良雙潔乳
Mustela STELATOPIA Cleansing Cream

一般保溼類（由清爽到滋潤排序）

DMS 長效滋潤身體乳
DMS Body Lotion

貝德瑪賦妍深層滋養乳
BIODERMA Atoderm PP Baume

慕之恬廊舒恬良護敏潤身乳／護敏面霜
Mustela STELAPROTECT Body Milk ／ Face Cream

潔美淨層脂質活膚露／層脂質調理霜／高效保溼修護精華霜
STIEFEL Physiogel Lotion ／ Cream ／ Intensive Cream

薇霓肌本保濕乳液／清爽型
Vanicream Moisturizing Skin Cream ／ Lite Lotion

雅漾修護保濕精華乳（滋潤型）
Avene Rich Skin Recovery Cream

理膚寶水極效舒緩修護精華
La Roche-Posay Tolériane Ultra

DCL 多元修護霜
DCL Multi-Remedy Protective Ointment

特殊保溼類（以英文品名排序）

艾芙美燕麥再生修護精華霜
A-DERMA Epitheliale A.H Cream

雅漾術後保濕霜
Avene Tolérance Extrême Cream

DMS 強效保濕滋養乳
DMS Novrithen

理膚寶水瘢痕速效保濕修復凝膠
La Roche-Posay Cicaplast

諾美登歆藜嫩舒敏涵浥霜
Noviderm SERENACTIV Hydrating Soothing Skincare

蒙娜麗莎舒敏加強型修護霜
Synchrorose Fast Cream-Gel

薇霓肌本抗氧防皺 E 霜
Vitec Vitamin E Cream

防晒類（依防晒係數排序）

舒特膚極緻全護低敏隔離乳 SPF15、PA++
Cetaphil Daily Facial Moisturizer

DCL 高效清爽防曬乳 SPF30
DCL UVA/UVB Chem-Free Superblock

娜芙防曬隔離乳液 SPF30、PA++ ／隔離霜 SPF35、PA++
NOV UV Lotion EX SPF30、PA++ ／ UV Shield SPF35、PA++

詩蓓白 SC 控油防曬凝露 SPF40、PA+++
SpectraBAN SC Sunscreen Sebum Control Gel

雅漾高效兒童防曬乳 SPF50+
Avene Lotion for Children

理膚寶水兒童清爽防曬噴液 SPF50+、PPD25
La Roche-Posay Anthelios Dermo-Pediatrics Spray

1

清潔類卸妝品

（由清爽到滋潤排序）

貝德瑪舒妍高效潔膚液
BIODERMA Sensibio H2O Micelle Solution

透明水液劑型，整體組成成分簡單，沒有添加香料色素，為水性卸妝液配方。產品中主要的卸妝成分為非離子型界面活性劑（PEG-6 Caprylic ／ capric glycerides），溫和度不錯，適合一般膚質卸除淡妝使用。其中丙二醇（Propylene glycol）濃度不到 1%，主要當做保溼劑使用。

較適合用來卸妝及清潔，當做清潔性化妝水使用也可以。卸妝後建議還是要再用溫和的洗臉產品清洗一次，較不會有殘妝。

全成分表

Water, PEG-6 Caprylic ／ capric glycerides, Propylene glycol, Cucumis Sativus (cucumber)fruit extract, Fructooligosaccharides, Mannitol, Xylitol, Rhamnose, Disodium EDTA, Cetrimonium bromide

蒙娜麗莎舒敏清潔凝露
Synchroline Synchrorose Remover

　　透明水性卸妝液，整體組成成分單純，沒有添加香料或色素。產品主要卸妝成分為非離子型界面活性劑（PEG-14 dimethicone 及 Decyl glucoside），這兩種成分的溫和度及清潔效果都不錯，使用後也不太會造成皮膚乾燥，適合一般膚質卸除淡妝時使用。

　　此產品較適合當做卸妝及清潔用，當做清潔性化妝水使用也可以。卸妝後還是建議再用溫和的洗臉產品清洗一次，較不會有殘妝。

全成分表

Water, PEG-14 dimethicone, Glycerin, Dimethyl sulfone, Hamamelis Virginiana distillate（Witch Hazel water）, Decyl glucoside, Propylene glycol, Sodium hyaluronate, Benzyl PCA, Hydroxyethylcellulose, Phenoxyethanol, Disodium EDTA, Sodium hydroxide

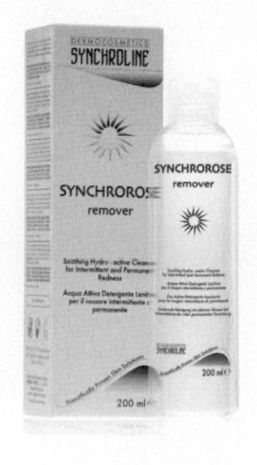

歐德瑪全效微膠深層潔膚乳
Noreva Lotion Universelle

　　產品為乳白色卸妝乳劑型，主要卸妝成分為合成油（Capric／caprylic triglycerides）及葵花油（Sunflower seed oil），其中沒有添加香料色素，整體配方也算單純。卸妝力有一定程度，一般底妝大致上都可卸除。市面上很多卸妝產品都會添加香料、植萃及各式各樣保養成分，但些成分大多只是為了感性訴求或行銷宣稱，對於實質功能來說沒有特殊意義。

全成分表

Water, Capric／caprylic triglycerides, PEG-8, Helianthus Annuus（Sunflower）seed oil, Glycerin, Pentylene glycol, Acrylates／C10-30 alkyl acrylate crosspolymer, Polyacrylate-13, Sodium Hydroxide, Polyisobutene, Polysorbate 20, Polysorbate 80, Phenoxyethanol, Chlorphenesin

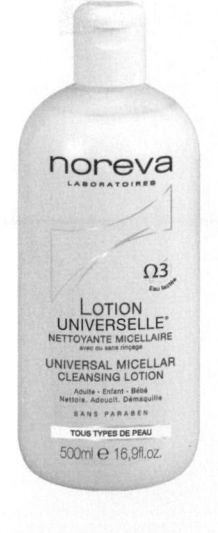

2
清潔類洗臉沐浴品
（由清爽到滋潤排序）

艾芙美燕麥新葉異膚佳沐浴凝膠
A-DERMA Exomega Emollient Foaming Gel

　　是帶點淡黃棕色的透明沐浴露劑型，其清潔成分主要是兩性離子及非離子型界面活性劑（Disodium coco-amphodiacetate 及 Decyl glucoside），溫和度不錯，沖洗也很容易，小朋友及大人都適用。沒有添加香料色素，此外還添加燕麥新葉萃取（Avena sativa leaf ／ stem extract）及月見草油，適合偏乾性及敏感性膚質。

　　使用時取適量於手心，加水起泡後再使用，臉部及身體肌膚清潔皆可，甚至當做小朋友使用的洗髮精也可以。

全成分表

Water, Disodium coco-amphodiacetate, PEG-7 glyceryl cocoate, Decyl glucoside, Polysorbate 20, Sodium chloride, Ceteareth-60 myristyl glycol,Sorbitol, Glycerin, PEG-200 hydrogenated glyceryl palmate, 10-hydroxydecenoic acid, Avena sativa（oat）leaf ／ stem extract, Benzoic acid , Citric acid, Glyceryl laurate, Lactic acid, Maltodextrin, Oenothera Biennis（evening primrose）oil, Tocopherol

薇霓肌本潔膚露
Vanicream Free & Clear Liquid Cleanser

透明潔膚露劑型，其中的清潔成分（Disodium lauroamphodiacetate, Sodium lauroyl sarcosinate 及 Sodium myristoyl sarcosinate）溫和度都不錯。產品中含有甘油保溼成分，沒有色素香料也沒有萃取成分，小朋友及成人都適用。此產品適用範圍較廣，小朋友可當做沐浴露或洗髮精使用，大人也可以當做洗臉產品使用。按壓適量的潔膚露於手心，加水搓揉起泡後再輕柔搓洗肌膚，之後再以清水將泡沫沖淨即可。

全成分表
Water, Glycerin, Disodium lauroamphodiacetate, Sodium lauroyl sarcosinate, PEG-120 methyl glucose dioleate, Sodium myristoyl sarcosinate, Isostearamidopropyl morpholine lactate, Sodium chloride, Citric acid, bis-PEG-18 methyl ether dimethyl silane, Potassium sorbate, Tetrasodium EDTA

慕之恬廊舒恬良雙潔乳
Mustela STELATOPIA Cleansing Cream

白色乳狀沐浴乳劑型，其清潔成分為溫和型界面活性劑（Coco-glucoside, Disodium lauryl sulphosuccinate 及 Sodium cocoyl isethionate），還添加甘油、玉米澱粉及葵花油萃取脂質（Helianthus annuus (Sunflower) seed oil unsaponifiables）等潤膚成分，增加產品的溫和度及保溼性。沒有添加香料色素，整體成分單純，小朋友及成人皆可使用。此外，異位性、敏感性或乾燥性膚質也都適合，可當做洗面乳也可當做沐浴乳。

全成分表
Water, Coco-glucoside, Cetearyl alcohol, Disodium lauryl sulfosuccinate, Hydroxypropyl guar, Sodium cocoyl isethionate, Zea mays（Corn）starch, Citric acid, Glycine, Sodium chloride, Glycerin, Hydrogenated castor oil, Polyquaternium-10, Sodium hydroxymethylglycinate, Tetrasodium EDTA, Helianthus annuus（Sunflower）seed oil unsaponifiables, Titanium dioxide, Sodium hydroxide

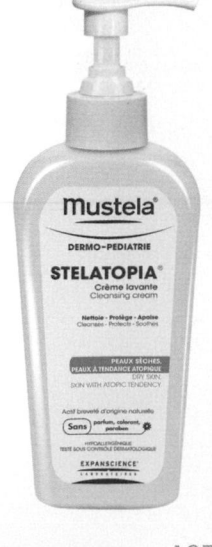

3

一般保溼產品
（由清爽到滋潤排序）

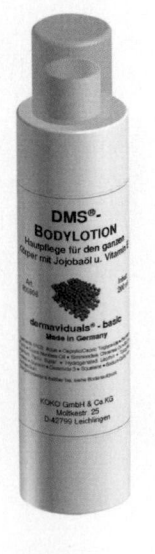

DMS 長效滋潤身體乳
DMS Body Lotion

乳白色保溼乳劑型，產品中含有多種植物及合成油脂（Caprylic ／ capric triglyceride, Butyrospermum Parkii, Cocos Nucifera oil, Simmondsia Chinensis oil, Hydrogenated lecithin, Squalane, Ceramide 3），整體滋潤保溼性不錯，成分組成也單純，無香料、無色素也無酒精配方，適合一般膚質使用。

產品容量較大，秋冬季節及原本膚質偏乾的人，可在洗澡拭乾後當做身體乳使用，減少皮膚乾癢搔抓等問題。

全成分表

Water, Caprylic ／ capric triglyceride, Pentylene glycol, Cocos Nucifera oil, Simmondsia Chinensis oil, Butyrospermum Parkii butter, Hydrogenated lecithin, Tocopheryl acetate, Glycerin, Ceramide 3, Squalane, Sodium Carbomer, Xanthan gum

貝德瑪賦妍深層滋養乳
BIODERMA Atoderm PP Baume

　　乳白色保溼乳劑型，含有多種油脂及吸水保溼劑（Mannitol, Xylitol, Rhamnose, Fructooligosaccharides），具一定程度的保溼性。產品不含香料及色素，容量包裝較大，適合當做身體乳液。

　　配方中有添加維他命 B3（Niacinamide），是近年來已被證實具有多種護膚功效的成分之一。滋潤度不錯，使用感也不會太油膩，一般膚質到偏乾性膚質皆適用。但異位性及敏感性膚質建議還是要先試用看看。

全成分表

Water, Glycerin, Mineral oil（Paraffinum liquidum）, Ethyhexyl stearate, Dimethicone, Niacinamide, Sucrose stearate, Glyceryl dibehenate, Fructooligosaccharides, Mannitol, Xylitol, Rhamnose, Laminaria Ochroleuca extract, Peumus Boldus leaf extract, Zanthoxylum Alatum extract, Tribehenin, Pentylene glycol, Glyceryl behenate, Acrylates ∕ C10-30 alkyl acrylate crosspolymer, 1,2-Hexanediol, Caprylyl glycol, Ammonium Acryloyldimethyltaurate ∕ VP copolymer, Caprylic/capric triglyceride, Oleyl alcohol, Xanthan gum, Sodium hydroxide, Disodium EDTA

慕之恬廊舒恬良護敏潤身乳／護敏面霜
Mustela STELAPROTECT Body Milk ／ Face Cream

　　白色乳狀劑型，成分組成單純，不含色素香料，且使用氣密式軟管，軟管擠壓使用後不易倒吸而造成汙染（No drip flip top 設計）。潤身乳的質地清爽、不油不膩，適合一般膚質使用；面霜滋潤度較高，適合偏乾性膚質。雖然這產品是定位給敏感性膚質的小朋友，但一般成人也適用。

全成分表

護敏潤身乳

Water, Isononyl isononanoate, Butylene glycol, Cetyl alcohol, Glyceryl stearate, Capryloyl glycine, Carbomer, PEG-75 stearate, Sodium hydroxide, Caprylyl glycol, Ceteth-20, Steareth-20, Disodium EDTA, Pentylene glycol, Persea Gratissima （Avocado） fruit extract

護敏面霜

Water, Glycerin, Isononyl isononanoate, Butyrospermum Parkii butter, Glyceryl stearate, Cetyl alcohol, 1,2-Hexanediol, Capryloyl glycine, PEG-75 stearate, Carbomer, Glyceryl caprylate, Ceteth-20, Steareth-20, Sodium hydroxide, Tocopheryl acetate, Pentylene Glycol, Persea Gratissima （Avocado） fruit extract, Citric acid

潔美淨層脂質活膚露／層脂質調理霜／高效保溼修護精華霜
STIEFEL Physiogel Lotion ／ Cream ／ Intensive Cream

　　乳白色保溼乳液（霜）劑型，產品中含有多種油脂，並以特殊乳化技術形成層脂質結構（Lamellar Lipid Base）。在滋潤度及保溼性方面有不同選擇，可依膚質來搭配。整體成分組成單純，無香料、無色素、無酒精配方，適合一般或敏感性肌膚於臉部及身體使用。層脂質活膚露的質地最清爽、層脂質調理霜質地中等，而高效保溼修護精華霜則是滋潤度最高的。

全成分表

活膚露

Water, Caprylic ／ capric triglyceride, Glycerin, Pentylene glycol, Cocos Nucifera oil, Palm glycerides, Olea europaea, Hydrogenated lecithin, Butyrospermum Parkii butter , Hydroxyethylcellulose, Squalane, Sodium carbomer, Xanthan gum, Carbomer, Cermide 3

調理霜

Water, Caprylic ／ capric triglyceride, Glycerin, Pentylene glycol, Cocos Nucifera oil, Hydrogenated lecithin, Butyrospermum Parkii butter, Hydroxyethycellulose, Squalane, Sodium carbomer, Xanthan gum, Carbomer, Cermide 3

高效保溼精華霜

Water, Caprylic ／ capric triglyceride, Butyrospermum Parkii butter, Glycerin, Pentylene glycol, Hydrogenated lecithin, Cocos Nucifera oil, Hydroxyethylcellulose, Squalane, Xanthan gum, Sodium carbomer, Carbomer, Ceramide 3

薇霓肌本保濕乳液／清爽型
Vanicream Moisturizing Skin Cream ／ Lite Lotion

　　乳白色乳液劑型，成分相當單純，主要就是保溼乳的四大成分：水、乳化劑、鎖水保溼成分（凡士林）及吸水保溼成分。不含酒精、香料、色素及植萃成分，算是基本的保溼產品，符合藥妝品「無額外附屬添加」的概念。

　　因為整體保溼性不錯，一般及偏乾性膚質，甚至敏感性或異位性膚質都適用。其姐妹品清爽型保溼乳液，在成分組成上是類似的，但劑型更清爽，較適合偏混合性或油性肌膚使用。

全成分表

Water, White petrolatum, Cetearyl alcohol and Cetareth-20, Sorbitol solution, Propylene glycol, Simethicone, Glyceryl monostearate, Polyethylene glycol monostearate, Sorbic acid, BHT

雅漾修護保濕精華乳（滋潤型）
Avene Rich Skin Recovery Cream

　　白色乳霜劑型，整體成分單純，不含香料或色素，油脂比例較高，滋潤性也較高，產品中有添加 8% 的甘油，加強保溼，適合一般到偏乾性膚質使用。雖然注明是設計給敏感性膚質，但一般膚質也適用，身體及臉部使用皆可。

全成分表

Avene aqua, Mineral oil（Paraffinum liquidum）, Squalane, Dimethicone, Glyceryl stearate, Butylene glycol, Glycerin, Behenyl alcohol, Ozokerite, Benzoic acid, Butyrospermum Parkii butter, Carbomer, Chlorphenesin, Phenoxyethanol, Tetrasodium EDTA, Triethanolamine, Xanthan gum

理膚寶水極效舒緩修護精華
La Roche-Posay Tolériane Ultra

　　乳白色滋潤型保溼乳霜劑型，添加雪亞脂及合成油脂作為保溼成分，整體配方單純，沒有添加香料色素。以配方來說，偏乾性的敏感性膚質較為適用。此外，產品還以特殊設計的包裝技術來封填，可謂相當用心。

　　醫美術後最大的護膚需求主要就是溫和清潔、適度保溼及加強防晒，做好這幾點，不但可縮短術後恢復期、減少副作用，甚至還能加強醫美處理本身的效果及持續性。

全成分表

Water, Isocetyl stearate, Squalane, Butyrospermum Parkii butter, Dimethicone, Glycerin, Aluminum starch octenylsccinate, Pentylene glycol, PEG-100 stearate, Glyceryl stearate, Cetyl alcohol, Dimethiconol, Sodium hydroxide, Acetyl dipetide-1 Cetylester, Acrylates ／ C10-30 alkyl acrylate crosspolymer

---

DCL 多元修復霜
DCL Multi-Remedy Protective Ointment

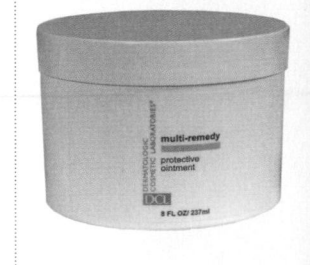

　　油膏劑型，成分中除了凡士林（石蠟），還添加了矽靈、微晶蠟及礦物油來調整觸感，以產品配方設計來說稱為「保護膏」會比「修復霜」來得適當。沒有添加香料、色素、乳化劑、萃取物或溶劑，整體成分可謂相當單純。

　　其名稱中的「Multi-Remedy」指的是可以多用途使用，例如保護雷射後局部結痂的傷口、保護嘴唇、手掌、手指及腳掌乾裂傷口，當做護唇膏、預防幼兒尿布疹或冬季肌膚乾癢、當做保護型護手霜、預防手背或臉頰因吹冷風而造成的乾燥性皮膚炎等。

全成分表

Petrolatum, Cyclomethicone, Microcrystalline wax, Mineral oil

4
特殊保溼產品
（以英文品名排序）

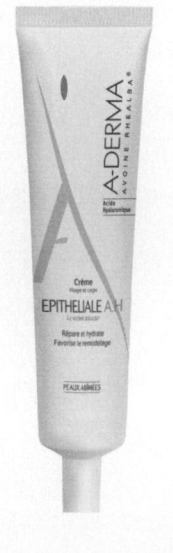

艾芙美燕麥再生修護精華霜
A-DERMA Epitheliale A.H Cream

　　滋潤型保溼乳霜劑型，其中主要還有燕麥萃取相關成分、維他命 A 醇（Retinol）及玻尿酸。沒有添加色素、香料以及酒精，對醫美術後非流血性傷口具有保護及促進修復的效果。

　　這幾年來由於醫學美容的流行，術後修復相關產品慢慢興起。但因為化妝品跟藥品的角色及定位還是不同，建議若有明顯傷口的話，還是先用藥品把傷口照護好，之後再搭配適當的保養品，會比較適當也較安全。

全成分表

Water, Butyrospermum Parkii butter, Glyceryl sterate, Hexylene glycol , Glycerin, Squalane, Cyclopentasiloxane, Avena sativa（oat）kernel flour, Stearic acid, Avena sativa（oat）kernel oil, Batyl alcohol, Cetearyl alcohol, Cetearyl glucoside, Dimethiconol, Methylparaben, Propylparaben, Retinol, Sodium hyalurnoate, Tocopheryl acetate, Triethanolamine

雅漾術後保濕霜
Avene Tolérance Extrême Cream

　　乳白色保溼霜劑型，適用於醫美術後、受損肌膚及極度缺水的乾燥肌膚。配方成分少於 10 種，還以特殊設計的包裝技術封填，相當用心。

　　現在市面上常看到產品宣稱是給醫美術後使用，但老實說，法規上並沒有相關標準與原則可言。簡單來說，只要成分單純溫和、不含色素香料且配方低敏低刺激，大致上即可符合需求。醫美處理跟化妝保養品是相互搭配應用的，並非互斥，但這部分需要專業的知識與判斷才行。

全成分表

Avene aqua, Glycerin, Paraffinum liquidum, Squalane, Carthamus Tinctorius oil, Cyclomethicone, Glyceryl stearate, Sodium carbomer, Titanium dioxide

---

DMS 強效保濕滋養乳
DMS Novrithen

　　乳白色保溼乳劑型，產品中含有多種植物及合成油脂，整體滋潤保溼性不錯，成分組成也單純，無香料、無色素配方。其中有添加 8% 的甘油及 2% 的尿素（Urea），具有加強保溼及軟化角質的效果，適合偏乾性膚質使用。

　　以臺灣衛生法規來看，化妝品中尿素含量必須在 5% 以下，而含有 10% 以上尿素的產品即被歸為藥品管理。

全成分表

Water, Caprylic／capric triglyceride, Glycerin, Pentylene glycol, Urea, Propylene glycol, Hydrogenated lecithin, Oenothera Biennis oil, Tocopheryl acetate, Butyrospermum Parkii butter, Ceramide 3, Squalane, Lecithin, Tocopherol, Ascorbyl palmitate, Ascorbic acid, Xanthan gum, Sodium carbomer, Alcohol, Citric acid

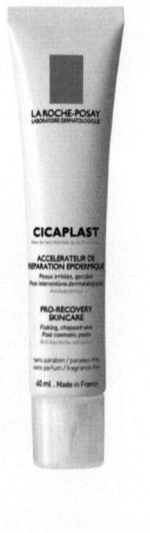

理膚寶水瘢痕速效保濕修復凝膠
La Roche-Posay Cicaplast

滋潤型半透明保溼乳膠劑型，主要活性成分是維他命原 B5（Panthenol）、礦物鹽類、玻尿酸以及雷公根萃取成分 （Madecassoside），針對醫美處理的術後瘢痕修復具有一定效果 。矽靈為主要基劑配方，兼具加強保溼及保護傷口的功能，使用 後也不會有油膩感。

醫美術後的皮膚容易變得乾燥敏感，此時化妝品的挑選一定 要更小心，產品的保溼性、單純性、溫和度及安全度都很重要， 不然花了錢反而造成更多麻煩。

全成分表

Water, Glycerin, Cyclopentasiloxane, Cyclohexasiloxane, Dimethicone, C30-45 Alkyl dimethicone, Sodium citrate, PEG ／ PPG-18 ／ 18 dimethicone, Panthenol, Zinc gluconate, Madecassoside, Dimethiconol, Manganese gluconate, Sodium hyaluronate, Disodium EDTA, Copper gluconate, Citric acid, Polysorbate 20, Sodium benzoate

諾美登歆藜嫩舒敏涵浥霜
Noviderm SERENACTIV Hydrating Soothing Skincare

　　白色乳霜劑型，保溼性不錯，不含色素香料。此外還添加水解羽扇豆蛋白及水解藜麥成分，具有促進肌膚保溼及修護的效果。產品中還含有環化神經醯胺（Cycloceramide）、葵花油萃取脂質及沒藥醇（Bisabolol），具有降低發炎反應的功能。以配方來說對於敏感性肌膚具有舒緩效果，但一般膚質也適用。

　　近年來敏感性膚質的人愈來愈多，其實很多人的敏感問題是可以避免的，只要多了解自己的皮膚特性、多注意自己使用的產品，不要道聽塗說人云亦云，把肌膚當實驗品，就可以避免很多致敏的機會。

全成分表

Water, Glycerin, Propanediol dicaprylate, Dicaprylyl carbonate, Glyceryl stearate citrate,1,2-Hexanediol, Cetyl alcohol, Helianthus Annuus seed oil unsaponifiables, Acrylates ／ C10-30 alkyl acrylate cross-polymer, Glyceryl caprylate, Sodium stearoyl glutamate, Hydrolyzed lupine protein, Tocopheryl acetate, Undecyl dimethyl oxazoline, Sodium hydroxide, Hydrolyzed Chenopodium Quinoa seed, Maltodextrin, Pentylene Glycol, Bisabolol, Citrus Aurantium amara（Bitter Orange）flower extract

蒙娜麗莎舒敏加強型修護霜
Synchrorose Fast Cream-Gel

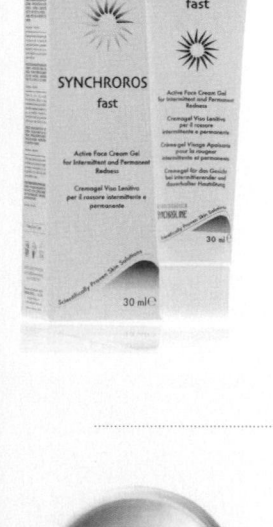

　　滋潤型乳霜劑型，配方中較特殊的成分是水飛薊（Silybum Marianum）萃取，這成分中的類黃酮除了具抗氧化效果，還可減低紫外線對皮膚的傷害，此外也有研究發現它可以降低發炎反應，並增強皮膚的防禦及修護效果。

　　目前市面上有很多保養品是宣稱給酒糟（Rosacea）患者使用的，但因為酒糟本身是皮膚病，建議還是先經過皮膚科醫師診斷治療，再搭配適當的保養品當做輔助治療，比較恰當。

全成分表

Water, Dimethyl sulfone, Glycerin, C12-15 alkyl benzoate, Dicaprylyl ether, Ethylhexyl ethylhexanoate, Silybum Marianum extract, Hydroxyethyl Acrylate／Sodium acryloyldimethyl taurate copolymer, Propylene glycol, Polyisobutene, Sodium hyaluronate, Soybean proteins, Heliotropine, PEG-7 trimethylolpropane coconut ether, Disodium cocoamphodiacetate, PPG-2 methyl ether, Sodium hydroxide, Phenoxyethanol, Disodium EDTA, BHT

薇霓肌本抗氧防皺 E 霜
Vitec Vitamin E Cream

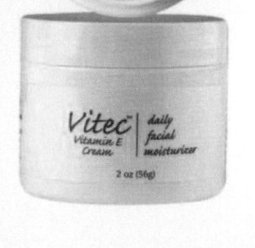

　　白色乳霜劑型，不含酒精、香料、色素及植萃成分，是配方相當單純的保溼產品，一般肌膚都適用。比較特別的地方，是其中有添加較高濃度的維他命 E 酯（Tocopheryl acetate），具有抗自由基及潤膚功能，這樣的設計也可以當做基礎抗老產品使用。

　　產品滋潤保溼度不錯，當做眼霜使用也可以。如果喜歡清爽一點的質地，可選擇 Vitec Vitamin E Lotion（但國內尚未代理），兩者在成分組成上是類似的。

全成分表

Water, dl-alpha Tocopheryl acetate, Cetearyl alcohol & Ceteareth-20,Sorbitol solution, Propylene glycol, Simethicone, Glyceryl monostearate, Sorbic acid

5

防晒產品

（依防晒係數排序）

舒特膚極緻全護低敏隔離乳 SPF15、PA++
Cetaphil Daily Facial Moisturizer

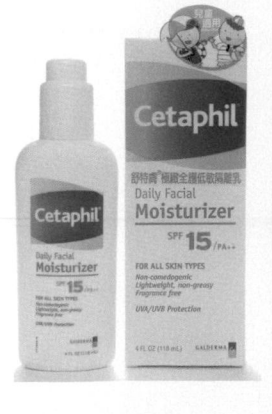

　　清爽型防晒乳液，主要為化學性防晒成分（Avobenzone 及 Octocrylene），配方單純，沒有香料、色素、植萃及酒精成分，使用感不油不悶，適合一般到偏油性或混合性膚質。較適合一般日常生活或室內工作者，臉部及身體使用皆可。

　　如果有需要在較高抗水性的場合或戶外活動時使用，或想減少紫外線對特定光敏感皮膚疾病的影響，則建議另外尋找高系數且較寬頻的防晒產品，防晒的選擇是要依需求來搭配的。

全成分表

Avobenzone, Octocrylene, Water, Diisopropyl adipate, Cyclomethicone, Glycerin, Glyceryl stearate, PEG-100 stearate, Polymethyl methacrylate, Phenoxyethanol, Benzyl alcohol, Acrylates/C10-30 alkyl acrylate crosspolymer, Tocopheryl acetate, Carbomer 940, Disodium EDTA, Triethanolamine

DCL 高效清爽防曬乳 SPF30
DCL UVA/UVB Chemfree Superblock

產品為含有二氧化鈦（Titanium dioxide）及氧化鋅的純物理性非潤色性防晒乳，微粒型二氧化鈦及氧化鋅可提供適當的 UVA 及 UVB 防護，並可降低傳統純物理性防晒的泛白問題。使用感不黏膩，具有基本的防水效果，整體保溼度還不錯，使用後也不會像一般清爽型物理性防晒液一般，造成皮膚乾燥。

不含精油、香料及色素成分，適合一般日常生活防晒使用。市面上很多純物理性防晒品都會添加修飾膚色的潤色成分，但這款是無潤色的，使用後的泛白度也不高。

全成分表

Titanium dioxide, Zinc oxide, Water, Isononyl isononanoate, Cyclopentasilozane, Polyglyceryl-4 isosterate, Butylene glycol, Dimethicone, Sodium myristoyl sarcosinate, Cetyl PEG/PPG-10 ／ 1 dimethicone, Hydroxyethyl acrylate ／ sodium acryloyldimethyl taurate copolymer, Aluminum hydroxide, Phenoxyethanol, Hexyl laurate, Polysorbate 60, Sqalane, Sodium chloride, Disodium EDTA, Triethoxycaprylsilane, Butylparaben, Ethylparaben, Isobutylparaben, Methylparaben, Propylparaben

娜芙防曬隔離乳液 SPF30、PA++ ／
隔離霜 SPF35、PA++
NOV UV Lotion EX SPF30、PA++ ／ UV Shield SPF35、PA++

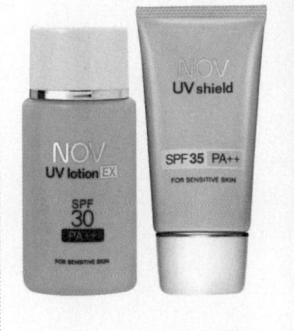

　　清爽型防晒液，含有二氧化鈦純物理性防晒成分。油脂成分主要為矽靈，清爽性佳，使用感不黏膩，且具有一定的抗水性。無添加色素、香料及酒精，小孩及大人都適用。較適合一般日常生活或室內工作者，但單瓶容量只有 35mL，當做臉部防晒品會較適合。雖然是純物理性防晒，但使用後泛白度不明顯。

　　產品為兩層式乳液劑型，使用前需先搖勻。如果需要較滋潤的劑型，可試試其防晒隔離霜 SPF35、PA++。

全成分表

防晒隔離乳液

Cyclopentasiloxane, Water, Titanium dioxide, Butylene glycol, Dimethicone Diphenylsiloxy phenyl trimethicone, Glycerin, Stearoyl inulin, Stearyl dimethicone, PEG-9 polydimethylsiloxyethyl dimethicone, Aluminum hydroxide Polymethyl methacrylate, Isostearic acid, Glyceryl tribehenate ／ isostearate ／ eicosandioate, Methylparaben, Dipotassium glycyrrhizate, Acrylates ／ dimethicone copolymer, Tocopherol, Sodium hyaluronate

防晒隔離霜

Titanium dioxide, Zinc oxide, Water, Cyclomethicone, Dimethicone, Phenyl trimethicone, Methicone, Acrylates ／ dimethicone copolymer, Dimethicone copolyol, Vinyl dimethicone crosspolymer Butylene glycol, Glycerin, Sodium hyaluronate, Squalane, Polymethly methacrylate, Aluminum hydroxide, Silica, Sodium chloride, Quaternium-18 hectorite, Stearic acid, Phenoxyethanol, Tocopherol, Dipotassium glycyrrhizate

詩蓓白 SC 控油防曬凝露 SPF40、PA+++
SpectraBAN SC Sunscreen Sebum Control Gel

是帶有淡黃色的純化學性防曬乳膏，沒有添加色素及香料。其劑型相當特別，以矽靈及合成油脂為主要成分，是無水配方。抗水性及抗汗性佳，使用感清爽不黏膩，較適用於偏混合性到油性膚質，以及夏天戶外運動或游泳時使用。

單獨使用時，可用洗面乳或沐浴乳卸除，不需要先卸妝。由於產品基劑為高分子抗水配方，因此雖然是全化學性防曬成分，仍具有一定的防滲透效果。

全成分表

Ethylhexyl methoxycinnamate, Bis-ethylhexyloxyphenol methoxyphenyl triazine, Diethylamino hydroxybenzoyl hexyl benzoate, Cyclopentasilosaxane, Dimethicone crosspolymer, C12-15 alkyl benzoate, Cyclopentasiloxane, Cyclohexasiloxane, Cetyl dimethicone

雅漾高效兒童防曬乳 SPF50+
Avene Lotion for Children

　　雖然是定位給學齡兒童使用的防曬產品，但青少年及成人也適用，配方混合物理性及化學性防曬成分，不含香料、色素及酒精，防曬效果很不錯，整體使用感也不會太黏膩。具有一定的抗水抗汗性，一般膚質的臉部或身體皆可使用。

　　2006 年歐盟執行委員會對於 UVA 防曬標示有了新規範，建議 PPD ／ SPF 的比值要 ≥ 1/3（也就是 SPF ／ PPD ≤ 3），而臨界波長（Critical wavelength）也要大於 370nm，這樣的產品就屬寬頻防曬品，在產品上可允許標示 UVA 的符號（如右下圖），這產品就有這樣的標示。

全成分表

Avene aqua, Octocrylene, Cyclomethicone, Dicaprylyl ether,
Methylene bis-benzotriazolyl tetramethylbutylphenol, Water, Butyl methoxydibenzoylmethane,
Cetearyl isononanoate, Glycerin, Titanium dioxide, Bis-ethylhexyloxyphenol methoxyphenyl
triazine, C-12-15 alkyl benzoate, Diisopropyl adipate, Potassium cetyl phosphate, Stearyl
alcohol, PVP/eicosene copolymer, Caprylic/capric triglyceride, Capryl glycol, Decyl glucoside,
Dimethicone, Disodium EDTA, Glyceryl behenate, Glyceryl dibehenate, Propylene glycol,
Silica, Sorbic acid, Tocopheryl glucoside, Tribehenin, Xanthan gum, Tocopherol.

理膚寶水兒童清爽防曬噴液 SPF50+、PPD25
La Roche-Posay Anthelios Dermo-Pediatrics Spray

　　產品為淡乳黃色擠壓型乳液劑型，防晒成分主要以純化學性防晒為主，沒有添加香料及色素，使用感不會泛白及油膩。此外還添加高分子成膜劑，具有一定的抗水性及抗滲透性。如果只有單一使用，可用一般沐浴乳洗淨，不需額外使用卸妝產品。

　　因為使用非高壓氣體填充的噴液式包裝，不需擔心填充氣體的易燃性或噴霧容易被吸入或使用不當，造成皮膚凍傷。產品總容量為 200ml，於身體大範圍塗抹也滿方便的，適合小朋友及大人於戶外活動或游泳時使用。

全成分表

Aqua, C12-15 alkyl benzoate, Glycerin, Propylene glycol, Ethylhexyl salicylate, Alcohol denat., Styrene ∕ Acrylates copolymer, Bis-Ethylhexyloxyphenol methoxyphenyl triazine, Drometrizole trisiloxane, Ethylhexyl triazone, Butyl methoxydibenzoylmethane, Polyester-5, Acrylates copolymer, Caprylyl glycol, Disodium EDTA, Ethylenediamine ∕ Stearyl dimer dinoleate copolymer, Isopropyl lauryl sarcosinate, PEG-8 Laurate, Terephthalylidene dicamphor sulfonic acid, Tocopherol, Triethanolamine

作者後記

幸福美肌
由此新生

大多數人的問題不在於他們無知，而是他們所知的，
有大部分都不是那麼一回事。

——美國幽默作家 Josh Billings

不知不覺中，我部落格所發表的文章已超過 400 篇，看起來內容各異的文章背後其實有脈絡可循。有些在尋找夢想與未來，有些是提出自己的觀點與看法，有些是在追尋事實與真相。點點滴滴累積起來，希望有一天小樹苗也可以長成大樹。

幾年來堅持自己的原則，走自己該走的路，寫自己該寫的文章，雖然文章風格不太符合目前美妝界的流行市場，但字字句句都是經過深思推敲、發自內心，其中沒有置入性行銷，也沒有代打形式的廣告文章。我不是美妝權威也不是化妝品達人，我只是一位有點好奇心的皮膚科醫師，喜歡探求肌膚保養及化妝品背後所蘊含的智慧。

寫了這麼多年，常常在想這些文章對社會的幫助到底有多大。我不期待能在短期內扭轉大家對於化妝保養品既有的觀點與思維，但如同法國哲學家笛卡兒曾說：「我思故我在。」我還是希望可以提供較客觀、理性的平衡報導，讓大家有機會思考。或許這就是我撰寫部落格文章背後的原動力及心路歷程。

整個部落格的文章內容很像一本從微觀到巨觀、從基本到應用、從淺顯到深入的肌膚保養學及化妝品學電子書。很多觀念，都是市面上少見的獨門密技與祕訣；很多想法，也都是長期的臨床經驗與思考的昇華，希望大家了解後可以應用到自己的肌膚保養及化妝品選擇上。而**這本書可以說是把整個部落格文章做一次整理與回顧，整個核心主軸就是希望讓各位了解「明哲保膚、健康美肌之道」**！

　　老子說：「**能用言語來解說的事情，就不是永恆不變的道理；能用名稱定義界定的事物，就不是攧撲不破的真理。**」事實的確如此。尤其大家平時看到、聽到的肌膚保養與化妝品相關知識，很多都只是商業包裝下的行銷廣告說詞，離事實真相都還有一大段距離。

「輕易可以看到得到的，通常不曾是真相，努力用心體悟思辯才能看到得到的，才會是真理。」在肌膚保養的路上，大家幾乎沒有機會正確學習，花了很多時間與精力來保養，卻始終沒有跟它交心。你不了解它，就無法面對它；你不親近它，就無法跟它培養感情。書裡提到的 9 大心法，可以當做讓各位早點進入保養知識殿堂的入場券，但如何才能體會到其中博大精深的美膚哲理，就要靠大家自己細細思量品味了。

要用文字來完整說明「真道理」是很困難的，我自己也還在持續探索肌膚保養與化妝品之道。希望可以藉由這本書把自己目前體悟的道理跟大家分享，也希望能讓各位慢慢體會到，肌膚保養與化妝品內含的意義與價值，更希望各位的肌膚與人生都可以因此過著健康、幸福、快樂的每一天！

Life 016

幸福美肌，一輩子就買這一本：美膚心法 & 化妝保養品真相大公開

作　　　者 — 邱品齊
攝　　　影 — 邱品齊
主　　　編 — 陳信宏
責 任 編 輯 — 葉靜倫
責 任 企 畫 — 曾睦涵
美 術 設 計 — 我我設計 wowo.design@gmail.com
校　　　對 — 邱品齊、Publish Plus、葉靜倫

總 編 輯 — 李采洪
董 事 長 — 趙政岷
出 版 者 — 時報文化出版企業股份有限公司
　　　　　　108019　臺北市和平西路 3 段 240 號 3 樓
　　　　　　發 行 專 線－（02）2306 6842
　　　　　　讀者服務專線－（0800）231705・（02）2304 7103
　　　　　　讀者服務傳真－（02）2304 6858
　　　　　　郵撥 — 19344724　時報文化出版公司
　　　　　　信箱 — 10899 台北華江橋郵局第 99 信箱
時 報 悅 讀 網 — http://www.readingtimes.com.tw
電 子 郵 件 信 箱 — newlife@readingtimes.com.tw
第 二 編 輯 部 臉 書 — http://www.facebook.com/readingtimes.2
法 律 顧 問 — 理律法律事務所 陳長文律師、李念祖律師
印　　　刷 — 華展彩色印刷股份有限公司
初 版 一 刷 — 2013 年 1 月 18 日
初 版 十 一 刷 — 2021 年 3 月 22 日
定　　　價 — 新臺幣 320 元

版權所有 翻印必究（缺頁或破損的書，請寄回更換）

時報文化出版公司成立於一九七五年，
並於一九九九年股票上櫃公開發行，於二〇〇八年脫離中時集團非屬旺中，
以「尊重智慧與創意的文化事業」為信念。

幸福美肌，一輩子就買這一本／邱品齊　著
初版. -- 臺北市：時報文化, 2013.1
面；　公分. -- (Life, 016)

ISBN (平裝) 978-957-13-5710-2

1.化妝品 2.皮膚美容學 3.購物指南

425.4　　　　　　　　　　　　101027482

ISBN　978-957-13-5710-2
Printed in Taiwan